設計技術シリーズ

# 新炭素材料ナノカーボンの基礎と応用

## ―カーボンナノチューブからグラフェンまで―

［著］

名古屋工業大学

**川崎 晋司**

科学情報出版株式会社

# まえがき

炭素と 6 という数字にはとても強い結びつきがあるように思います。原子番号 6 の元素ですから当然電子数は 6 ですが、炭素原子 6 個が環状に配置した 6 員環はベンゼンなどの芳香族分子の基本構造を与えるだけでなく、多くの無機固体炭素の基本ユニットとなっています。ナノカーボン科学の世界が始まったのもフラーレン $C_{60}$ の発見がきっかけです。

せっかく 6 という数字と深い縁のある炭素の本を書くのだから 6 にこだわってみようと考えました。6 章立てにし、各章の節の数も 6 の倍数にしました。全部で 66 の話をできるかぎり予備知識なく読めるようにしたつもりです。

これからナノカーボンを使ってみようと考えている技術者やナノカーボンに関心がある学生の方がまず最初に手に取ってもらえる、そんな本をイメージしています。すでに知っている内容のところは飛ばしてもらっても何も問題ないと思いますし、どんな順番で読んでもらってもかまいません。

本の中で使用したデータはすべて私が所属した研究室で測定したものです。実験するたびにナノカーボンの面白さに驚かされたことが皆様に伝わればと思います。私がナノカーボンと知り合って四半世紀の間にたくさんの面白い実験を経験しました。一人では決してできなかった実験ばかりです。お世話になった多くの方々に御礼申し上げます。

私が最初にナノカーボンの世界を見たのは、博士論文を書き上げ予備審査を終えた頃であったと思います。論文執筆からの解放感を感じながら図書館で何気なく手に取った固体物理の月刊誌にフラーレンの構造図がありました。どなたが何について書かれたものかは失礼ながらまったく記憶に残っていません。クレッチマーがフラーレンの大量合成法を報告した直後くらいですから、日本でもすでに何カ所かで合成がスタートしていたのだと思います。美しい構造だと思いましたし、楽しそうな世界だなと感じました。

最初に赴任した北大では酸化物融体の電気化学について学びました。

－III－

酸化物融体も電気化学も初めての世界で 2 年を楽しく過ごしていました。ちょうどその時にフラーレンの研究をしている信州大学の東原秀和先生のところで助手を探しているという話を聞きました。阪大の図書館で手に取った固体物理の雑誌がよみがえり、どうしてもその世界に触れてみたいという気持ちが強くなりました。東原先生、沖野不二雄先生に手ほどきをうけ、まさにゼロからのスタートでしたが 10 年をナノカーボンとともに信州で過ごしました。

　その後名古屋で独立して研究室を持たせてもらい 15 年が経過しました。この間ずっとナノカーボンの研究を続けていますが飽きることなく、と言ったらきっとナノカーボンに怒られそうですね。

　フォノンの分散曲線は研究室の助教であり、私の最初の博士課程学生である石井陽祐氏の計算によるものです。原稿の下読みも彼にお願いしました。亀岡真祐子さん、長谷川毅くん、伊達怜実さんにはグラフデータの取得をお願いしました。長谷川くんには校正も手伝ってもらいました。そのほか多くの学生、共同研究者のみなさまのおかげで書き上げることができました。ここに記して感謝いたします。

　本書は最初に述べたように入門書として位置づけられるもので、議論を簡単にするために正確さに欠けるところがあるかもしれません。また、できる限り少なくしたつもりですが、私の不勉強・不注意により単純な誤りも残っているかもしれません。もし、そうした誤りがありましたら心よりお詫び申し上げます。また、より知識を深めるために参考文献として掲げたものをご活用いただけましたら幸いです。

川崎 晋司

# 目　　次

## まえがき

## 第1章　炭素という元素

1－1．炭素原子はどう作られたか・・・・・・・・・・・・・・・・・・・・・・・・・・・3

1－2．炭素原子は一種類ではない・・・・・・・・・・・・・・・・・・・・・・・・・・6

1－3．多様な結合特性（$sp, sp^2, sp^3$）・・・・・・・・・・・・・・9

1－4．六員環のネットワーク　・・・・・・・・・・・・・・・・・・・・・・・・・・13

1－5．炭素-炭素結合の強さ・・・・・・・・・・・・・・・・・・・・・・・・・・・17

1－6．宇宙の中の炭素、地球の中の炭素・・・・・・・・・・・・・・・・・21

## 第2章　ナノカーボンの合成

2－1．炭素の温度-圧力相図　・・・・・・・・・・・・・・・・・・・・・・・・・27

2－2．ナノカーボンの発見　・・・・・・・・・・・・・・・・・・・・・・・・・・31

2－3．ダイヤモンド合成　・・・・・・・・・・・・・・・・・・・・・・・・・・・34

2－4．$C_{60}$の生成メカニズム　・・・・・・・・・・・・・・・・・・・・・37

2－5．グラフェンの生成メカニズム・・・・・・・・・・・・・・・・・・・41

2－6．単層カーボンナノチューブの生成メカニズム　・・・・・・・・45

## 第3章　ナノカーボンの構造、電子状態

3－1．黒鉛とダイヤモンドの構造、電子状態・・・・・・・・・・・・・51

3－2．グラフェンの構造、電子状態・・・・・・・・・・・・・・・・・・・55

3－3．単層カーボンナノチューブの構造・・・・・・・・・・・・・・・・59

3－4．単層カーボンナノチューブの電子状態・・・・・・・・・・・・・63

3－5．$C_{60}$分子・結晶の構造、電子状態・・・・・・・・・・・・・・66

3－6．実用炭素材料の構造　・・・・・・・・・・・・・・・・・・・・・・・・・69

－ⅴ－

## ◯目次

# 第4章　ナノカーボンの物理と化学

4－1．単層カーボンナノチューブの精製処理　・・・・・・・・・・・・・・・　75

4－2．酸化黒鉛（グラフェンの化学はくり）　・・・・・・・・・・・・・　77

4－3．ナノカーボンの可溶化　・・・・・・・・・・・・・・・・・・・・・・　79

4－4．SWCNTの表面化学反応　・・・・・・・・・・・・・・・・・・・・・・　81

4－5．金属・半導体SWCNTの分離　・・・・・・・・・・・・・・・・　83

4－6．置換型ドーピング　・・・・・・・・・・・・・・・・・・・・・・・・　85

4－7．挿入型ドーピング　・・・・・・・・・・・・・・・・・・・・・・・・　87

4－8．分子挿入（内包）　・・・・・・・・・・・・・・・・・・・・・・　89

4－9．ナノカーボンの化学合成・・・・・・・・・・・・・・・・・・・・・・　91

4－10．ナノカーボンの融合反応　・・・・・・・・・・・・・・・・・・・　94

4－11．ダイヤモンドとナノカーボンの熱伝導　・・・・・・・・・・・　97

4－12．ナノカーボンの機械的特性・・・・・・・・・・・・・・・・・・・・　99

# 第5章　ナノカーボンの分析

5－1．ダイヤモンド、黒鉛のX線回折　・・・・・・・・・・・・・・・・103

5－2．$C_{60}$のX線回折　・・・・・・・・・・・・・・・・・・・・・・・107

5－3．SWCNTのX線回折　・・・・・・・・・・・・・・・・・・・・・・・110

5－4．グラフェン関連物質のX線回折　・・・・・・・・・・・・・・・・113

5－5．分子のラマン散乱（$C_{60}$のラマンスペクトル）　・・・・・・・・・・115

5－6．結晶のラマン散乱（ダイヤモンドのラマンスペクトル）・・・・・・118

5－7．黒鉛のラマンスペクトル・・・・・・・・・・・・・・・・・・・・・121

5－8．共鳴ラマン散乱（Gバンドの詳細）　・・・・・・・・・・・・・・・125

5－9．二重共鳴ラマン散乱（Dバンドの詳細）　・・・・・・・・・・・128

5－10．グラフェンのラマンスペクトル・・・・・・・・・・・・・・・・132

5－11．カーボンナノチューブのラマンスペクトル　・・・・・・・・・136

5－12．NMRとESR　・・・・・・・・・・・・・・・・・・・・・・・・・・・・139

5－13．熱分析測定　・・・・・・・・・・・・・・・・・・・・・・・・・・・・143

－ VI －

5－14. 光電子分光、X線吸収分光 ・・・・・・・・・・・・・・・・・・・・・・・・146
5－15. 紫外-可視 - 近赤外吸収・発光 ・・・・・・・・・・・・・・・・・149
5－16. 電流-電位測定 ・・・・・・・・・・・・・・・・・・・・・・・・・・・・・・・・152
5－17. ガス吸着測定 ・・・・・・・・・・・・・・・・・・・・・・・・・・・・・・・・155
5－18. 顕微鏡観察 ・・・・・・・・・・・・・・・・・・・・・・・・・・・・・・・・・・158

# 第6章 ナノカーボンの応用

6－1. クラシックカーボンの応用先 ・・・・・・・・・・・・・・・・・・・・・・163
6－2. ナノカーボンを利用した太陽電池 ・・・・・・・・・・・・・・・・・・166
6－3. SWCNTの電気二重層キャパシタ電極への応用・・・・・170
6－4. SWCNTのガス貯蔵能力 ・・・・・・・・・・・・・・・・・・・・・・・176
6－5. カーボンナノチューブのポリマーへの複合 ・・・・・・・・・178
6－6. ナノカーボンの透明導電膜への応用 ・・・・・・・・・・・・・・181
6－7. カーボンナノチューブの燃料電池への応用 ・・・・・・・・184
6－8. SWCNTのリチウムイオン電池への応用 ・・・・・・・・・187
6－9. カーボンナノチューブトランジスタ ・・・・・・・・・・・・・194
6－10. カーボンナノチューブの宇宙エレベータへの応用 ・・・・・・・・197
6－11. カーボンナノチューブの電子銃、SPM探針への応用 ・・・・・・199
6－12. ナノカーボンの光デバイスへの応用 ・・・・・・・・・・・・・・202
6－13. ナノカーボンの放熱材料への応用 ・・・・・・・・・・・・・・・・205
6－14. SWCNTの太陽光水素生成への応用 ・・・・・・・・・・・・208
6－15. SWCNTの次世代電池への応用 ・・・・・・・・・・・・・・・・・214
6－16. ナノサイズの反応容器 ・・・・・・・・・・・・・・・・・・・・・・・・・・226
6－17. ナノカーボンの医療応用 ・・・・・・・・・・・・・・・・・・・・・・・・230
6－18. SWCNTの熱電変換材料への応用 ・・・・・・・・・・・・・・・232

# 第1章

## 炭素という元素

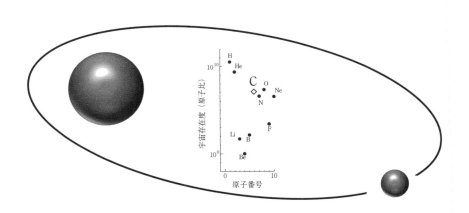

## １－１．炭素原子はどう作られたか

　炭素は原子番号が6の元素である。ひとつの炭素原子は6個の電子を有している。この電子の数こそがフラーレン、カーボンナノチューブ、グラフェン（図1-1）だけでなくダイヤモンド、黒鉛、さらには膨大な数の有機分子を生み出すことができる最大の理由である。どうして電子の数が重要なのかを探る前に、そもそも炭素原子はどのようにして誕生したのかをみていこう。

　宇宙の誕生、ビッグバンが起こったのち素粒子が生成し、やがて陽子一つと電子一つからなる水素原子（$^1$H）ができた。この水素原子（$^1$H）をもとに核融合によりさまざまな元素の原子が構築された。太陽で水素からヘリウムが核融合で作られる際に放出されるエネルギーを私たちが暮らす地球が享受していることはよく知られているとおりである。この核融合が進むことでヘリウムより重い元素もつくられていく。質量が十分に大きい恒星の中で鉄までの元素がつくられる。しかし、この核融合の仕組みは大変に複雑で簡単そうに思える電子数1の水素から電子数2のヘリウムの生成ですら、ちょっと考えるとそんなに簡単ではないと気がつく。水素原子（$^1$H）2つでヘリウムができるように思うかもしれないが、ヘリウムの質量数（陽子と中性子の数の和）は4であり計算が合わない。核融合の際、例えば陽子2つから陽子と中性子に加え、陽電子やニュートリノが生成するような反応が起こる。こうした複雑な過程を経

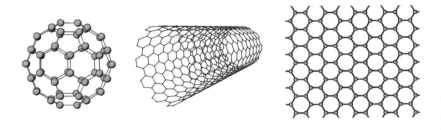

〔図1-1〕代表的なナノカーボン。左からフラーレン $C_{60}$、単層カーボンナノチューブ（SWCNT）、グラフェン。

て、水素原子（$^1$H）から電子数 2、質量数 4 のヘリウム（$^4_2$He）が生成する。電子数 6、質量数 12 の炭素原子（$^{12}_6$C）はこの $^4_2$He 3 つの核融合（トリプルアルファ反応）によりおもに生成すると考えられている。γ はガンマ線である。

$$^4_2\text{He} + ^4_2\text{He} \rightarrow ^8_4\text{Be} + \gamma$$

$$^8_4\text{Be} + ^4_2\text{He} \rightarrow ^{12}_6\text{C} + \gamma$$

　炭素原子の電子の数に話を戻そう。古典的な描像では、図 1-2 のように原子核の近くに軌道を有する 2 つの電子と外側の軌道の 4 つの電子にわけてとらえることができる。原子核に近い電子は原子核からの束縛を強く受けるのに対し、外側の電子は比較的自由度が大きい。炭素原子同士、あるいはほかの元素の原子と結合を作る際は主に外側の電子が重要な役割をはたす。

　内側と外側でどの程度電子の元気さが異なるかは、それぞれの電子のエネルギーで確認できる。量子力学の助けを借りると、内側の電子は $1s$、外側の電子は $2s$ と $2p$ と分類できる。それぞれの軌道エネルギーは $1s(-284\text{ eV})$, $2s(-19.5\text{ eV})$, $2p(-10.7\text{ eV})$ 程度であり、$1s$ が他の 2 つに比べてかなり小さいことがわかる（図 1-3）。この $-284$ eV という数字は真空準位というものをエネルギーの基準としている。真空準位、すなわち

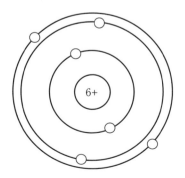

〔図 1-2〕炭素原子の 6 個の電子配置の古典的描像。

0 eV というのは、電子が何の束縛もうけない真空中に運動エネルギーももたずにぽつんと置かれた状態のエネルギーである。軌道エネルギーが $-284$ eV とマイナスの値を持つのは原子核からの束縛を受けて電子が安定化されていることを示している。そのように考えると $2s$ と $2p$ の電子は比較的自由度があることがわかる。実際に他の原子との結合を作る際に活躍するのはおもにこの $2s$ と $2p$ の4つの電子である。したがって、最初に炭素がバラエティに富んだ化合物を形成するのは炭素原子が6個の電子をもつからだと書いたが、$2s$ と $2p$ に4つの電子をもっていることが秘密のカギであることがわかる。

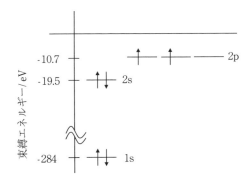

〔図 1-3〕炭素の電子の束縛エネルギー。

[1] M. Cardona, L. Lay, Photoemission in Solids I (Springer-Verlag), (1978).
[2] H. Gray, Electrons and Chemical Bonding, (Benjamin), (1964).

## 1-2. 炭素原子は一種類ではない

　前の節で炭素は原子番号6の元素で、ひとつの炭素原子は6個の電子をもつと書いた。このことは間違いではないが、続いてその炭素原子誕生の説明のところで質量数12の炭素原子（$^{12}_{6}C$）を取り上げた。その理由は炭素原子の中で$^{12}_{6}C$がもっとも存在比が大きいからである。しかし、炭素原子は$^{12}_{6}C$一種類ではない。炭素原子には安定同位体として$^{12}_{6}C$と$^{13}_{6}C$が、放射性同位体として$^{14}_{6}C$などがおもに知られている（図1-4）。天然存在比は$^{12}_{6}C$と$^{13}_{6}C$が、それぞれおよそ98.9%、1.1%であり、$^{14}_{6}C$は$10^{-12}$以下とされている。放射性同位体の存在量はきわめて小さい。炭素の標準原子量はおよそ12.01であるがこの数字は$^{12}_{6}C$と$^{13}_{6}C$のみの天然存在比から求めたものと一致する。存在量は少ないが$^{13}_{6}C$や$^{14}_{6}C$が科学の場で活躍することは少なくない。それぞれが、どのように利用されるのかを簡単にみていこう。

　まず、安定同位体である$^{13}_{6}C$であるが、NMR、質量分析、振動分光などさまざまな実験で利用される。NMRでは核スピンがゼロでない原子が測定対象となる。核スピンは陽子と中性子がともに偶数であるときゼロになることが知られており、$^{12}_{6}C$は測定できない。これに対して、$^{13}_{6}C$は原子核の殻模型からも予測される通り核スピンは$\frac{1}{2}$であるのでNMR測定が可能である。$^{13}_{6}C$ NMRは有機分子の構造同定手法として広く利用されているが、もちろん、ナノカーボンの研究にも有効である。よく知られているのはフラーレン$C_{60}$の$^{13}_{6}C$ NMRスペクトルである。$C_{60}$を構

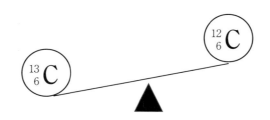

〔図1-4〕炭素の安定同位体には$^{12}_{6}C$と$^{13}_{6}C$がある。

成する炭素原子はすべて同じ対称性を有するのでNMRのピークは1つと予測できる。実測されたNMRのピークは予測通り1本であっただけでなく、固体試料で測定したにもかかわらずきわめてシャープなピークが観測された。通常固体試料の場合には異方的な相互作用のためNMRピークの線形はブロードになるはずなのに、シャープなピークが観測されるのは固体試料中で$C_{60}$が高速回転（1秒間に$10^9$回転以上）しているためと考えられている [3]。この$C_{60}$の質量分析を行いマススペクトルをとると図1-5のように720のピークの6割ほどの強度で721のピークが観測される。$^{13}_{6}C$の天然存在比はわずか1.1％ほどであるが60個の炭素からなる$C_{60}$では$^{13}_{6}C$を一つ持つ確率はかなり大きくなることが図1-5からわかる。振動分光では他の元素の安定同位体と同様に重い同位体に置換すると分子振動の振動数が低下することを利用して炭素官能基の同定などに利用される。

$^{13}_{6}C$は下記のように窒素の放射性同位体から陽電子$e^+$、ニュートリノ$\nu_e$を放出する過程で主に生成されると考えられている。

$$^{13}_{7}N \rightarrow {}^{13}_{6}C + e^+ + \nu_e$$

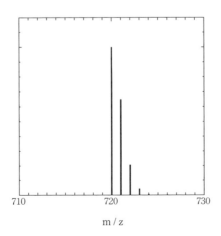

〔図1-5〕フラーレン$C_{60}$のマススペクトルの計算値。

○第1章　炭素という元素

さて、先ほど示したように $^{13}_{6}C$ は科学において重要なツールであり、感度をあげるために $^{13}_{6}C$ をエンリッチした試料でしばしば実験が行われる。気になるのはどうやって濃縮しているのかということであるが、炭素のような軽元素では同位体による蒸気圧の違いを利用して蒸留により濃縮するような方法がとられるようである。

　もう一つの $^{14}_{6}C$ は生物の年代測定に利用されることが良く知られている。この年代測定はいくつかの仮定に基づいて行われる。全体の炭素に占める $^{14}_{6}C$ の割合が生物生存圏で一定であり、時代による変化もないとするのが出発である。このような仮定に加え、生物が生きている間は常に代謝等により炭素原子の入れ替えが行われ、生物内の $^{14}_{6}C$ の割合は一定に保たれていると考える。生物の死後は入れ替えが行われず、$^{14}_{6}C$ は放射線を出しながら半減期約 5730 年で減少していく。したがって、生物の死骸の $^{14}_{6}C$ の割合を調べることで、いつ生物が死んだのかを特定できるということになる。しかし、最初に述べたようにいくつかの仮定の下でこの年代測定が行われるということに注意が必要である。仮定の中でもとりわけ、いつの時代も全体の炭素に占める $^{14}_{6}C$ の割合が一定だとすることには問題が提起されている。$^{14}_{6}C$ は下記のように放射線を出すのであるから、減っていくはずである。$\bar{\nu}_e$ は反電子ニュートリノを示す。

$$^{14}_{6}C \rightarrow {}^{14}_{7}N + e^- + \bar{\nu}_e$$

しかし、一方で宇宙線により新たな $^{14}_{6}C$ が生成されてもいる。

$$n + {}^{14}_{7}N \rightarrow {}^{14}_{6}C + p$$

ここで、n は中性子、p は陽子をそれぞれ示す。

　$^{14}_{6}C$ の消費量と生成量がバランスしていれば全体の炭素に占める $^{14}_{6}C$ の割合が一定だという仮定が成り立つのであるが、そうはなっていないためいくつかの補正法がある。なお、残念なことに近年は別の要因で $^{14}_{6}C$ の割合が変化しているそうだ、核実験である。

[3] R. Tycko et al., J. Phys. Chem. 95, 581-520, (1991).

− 8 −

## 1−3. 多様な結合特性（$sp, sp^2, sp^3$）

炭素がバラエティに富む同素体（ナノカーボン、黒鉛、ダイヤモンド）や化合物を創り出せるのは $2s$ と $2p$ に4つの電子をもつからだということはすでに記した。どうして $2s$ と $2p$ に4つの電子をもつと多様な結合様式をもつことができるのだろうか。大学の化学の基礎で混成軌道という概念を学ぶ [4]。実際の分子軌道はそんなに単純ではないが、分子の構造や特性を直感的に理解するうえで、この混成軌道という考え方は大変に役に立つのでここで簡単に復習してみよう。

まずは、正確さを欠いていることを承知の上で、$s$ 軌道は球状で、$p$ 軌道は互いに直角に向きを変えた鉄アレイのようなかたちととらえ、この軌道の形のまま分子軌道をつくった場合を考えてみよう（図1-6）。すなわち、軌道の向きが結合をつくるもうひとつの原子の位置を決めるというふうに考える。そのように考えると $p$ 軌道で結合する相手は互いに直交する方向、すなわち結合角は90°になる。このような分子は少なくない。$H_2S$ や $H_2Se$ などはほぼ結合角が90°になっていることが知られており、これらはS（硫黄）やSe（セレン）の $p$ 軌道がそのままH（水素）と結合を作っていると考えれば納得できる。

しかし、$CO_2$ の結合角は180°、$CH_4$ の結合角は109.5°であることはどのようにして説明すればよいのだろうか。これを解決する上手い考え方が混成軌道である。混成軌道には多種多様なものがあるが、ここでは $s$ 軌道と $p$ 軌道から構成される3種類の混成軌道をみていこう。この3種類の混成軌道は混成する $p$ 軌道の数により $sp, sp^2, sp^3$ と呼ばれる。

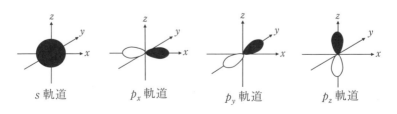

〔図1-6〕電子の軌道の模式図。

◯第1章　炭素という元素

　まず、$sp^3$ 混成軌道について考える。$sp^3$ 混成軌道は $s$ 軌道と3つの $p$ 軌道の線形結合により等価な4つの新しい軌道が作られると考える。規格・直交条件などという小難しい条件があるため変な係数がついたりしているが、大事なのは新しくできた軌道の大きく張り出した向きである。$xyz$ 直交座標系でいうとこの向きは $[1\,1\,1], [\bar{1}\,\bar{1}\,1], [1\,\bar{1}\,\bar{1}], [\bar{1}\,1\,\bar{1}]$ である。別の言い方をすると正四面体の中心から頂点に向かっているともいえる。この4方向に張り出した軌道が他の原子の軌道と結びついて結合ができる。このようにしてできた分子軌道は結合の軸に沿うようなかたち

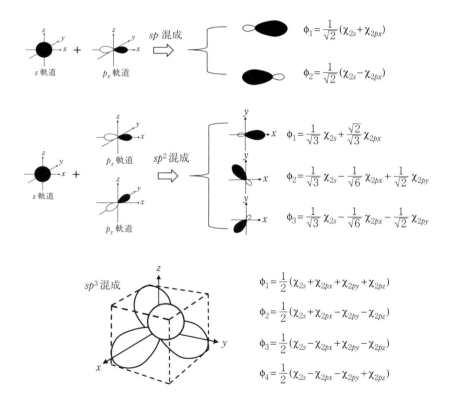

〔図1-7〕$sp, sp^2, sp^3$ 混成軌道の模式図と軌道関数の例。混成軌道を $\phi$ で、原子の電子軌道を $\chi$ でそれぞれ示している。

— 10 —

となる。このような分子軌道を $\sigma$ 軌道という。炭素の $sp^3$ 混成軌道では4つの $\sigma$ 軌道がつくられる。

これに対して炭素の $sp, sp^2$ 混成軌道では $\sigma$ 軌道に加えて $\pi$ 軌道がつくられることが重要である。

$sp$ 混成軌道は $s$ 軌道と一つの $p$ 軌道、$sp^2$ 混成軌道は $s$ 軌道と2つの p 軌道が混成して新たな等価な軌道が作られる。$sp$ 混成軌道は直線方向に180°逆を向いた方向に張り出し、$sp^2$ 混成軌道は平面三角形の中心から3つの頂点に向かうように軌道が張り出している。この張り出した方向にそれぞれの $\sigma$ 軌道が形成され分子が形作られる。さて、それぞれの混成軌道に対して混成に参加しなかった $p$ 軌道は $\sigma$ 軌道による結合軸に対して直交する方向に軌道が張り出している。この $\sigma$ 軌道による結合軸に直交する $p$ 軌道により $\pi$ 軌道は形成される。したがって、$sp, sp^2$ 混成軌道はそれぞれ、2つあるいは1つの $\pi$ 軌道をつくることができる。

〔図1-8〕$sp, sp^2, sp^3$ 混成軌道の張り出し方向を模式的に示している。
$sp, sp^2, sp^3$ 混成軌道は直線、平面三角形、正四面体に対応する。

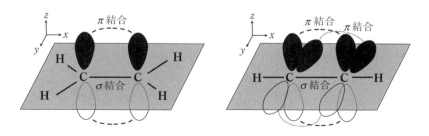

〔図1-9〕エチレン、アセチレンの $\sigma$ 結合と $\pi$ 結合。

なお、この π 結合に関わる p 軌道は混成軌道で作られる等価な軌道に比べてエネルギー的にやや高いことが多く、また π 結合の軌道の重なりは σ 結合に比べて小さいことなどから π 結合は σ 結合より一般に弱い結合となる。

いままでのところを3つの炭化水素化合物（エタン、エチレン、アセチレン）を通して復習してみよう。この3つの化合物は $sp, sp^2, sp^3$ 混成軌道の代表例としてよく取り上げられる。片方の炭素原子に注目して結合している原子の配置をながめると混成軌道を反映して直線、平面三角、四面体構造になっていることがわかる。また、構造式をながめるとエチレン、アセチレンの炭素-炭素結合はそれぞれ2重、3重結合になっている。これは、$sp^2$ では1つの、$sp$ では2つの π 結合が σ 結合に加わるからである。このように π 結合が加わることで結合が強化されているはずであるが、この結合の強さについては別の章で議論する。

なお、$sp$ 混成軌道では2つの π 結合が可能であることを述べたが、その2つは必ずしもおなじところに使われてアセチレンのように3重結合になるとは限らない。$CO_2$ 分子は直線状の分子で $sp$ 混成軌道で理解できるが、このとき π 結合は2つの結合に利用され、2重結合が2つできる。

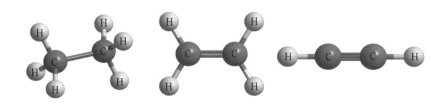

〔図1-10〕左からエタン、エチレン、アセチレンの構造モデル。

[4] 増田秀樹、長嶋雲兵、ベーシックマスター無機化学（オーム社）

## 1－4. 六員環のネットワーク

　前の章で $sp, sp^2, sp^3$ の３つの混成軌道を説明するために、エタン、エチレン、アセチレンを取り上げた。これらはいずれも炭化水素と呼ばれるものであるが、炭化水素を網羅的に扱うのが有機化学である。古くから活発に研究されてきた有機化学であるが、19世紀初めの有機化学者はある物質の構造に悩まされていた。その物質は、かの有名なマイケル・ファラデーが1825年に発見したベンゼンである。ベンゼンが $C_6H_6$ という組成であることはすぐにわかったし、環状構造がベンゼンの構造の候補として挙がってくるのにもそんなに時間を要したわけではない。私たちはベンゼンの構造を図1-11 (a) のように描くことが多いが、この構造はベンゼン発見後すぐに提案されていたのである。それでは、化学者が構造に悩む必要などないではないか、というとそうではない。私たちが普段ベンゼンの構造として描いている図1-11 (a) が正しくないのである。

　当たり前のように描いているベンゼンの構造図だが、もし、この構造が正しいとすると実は困ったことが起きてしまう。ベンゼンには６つの水素がついているがこの水素のうち２つを別の元素で置換する実験を行ったとしよう。どこの水素を置換するかで最終生成物の構造が変わってくるが、図1-11 (a) を仮定すると図1-12のように４種類の２置換体が

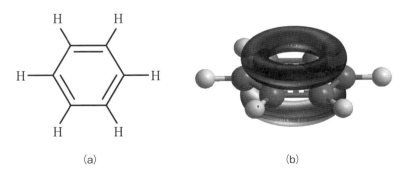

〔図1-11〕ベンゼンの (a) 構造式と (b) π電子の模式図。

できるはずである。しかし、いくら実験を行っても、2置換体は3種類しかできないことがわかったのだ。これを解決するモデルとしてアウグスト・ケクレはかなり良いモデルを提案した。図1-13に示すように二重結合の位置が異なる2つのものがすばやい平衡状態にあるというモデルである。これはかなり良いアイデアである。しかし、本当はもう少し踏み込まなければならない。環状ではない炭化水素で二重結合があるものは、ハロゲンの付加反応が容易に起こる。ところが、ベンゼンは臭素の付加反応がほとんど起こらない。このベンゼンの謎の安定性を説明しなければならないのだがケクレのモデルをもってしてもこれは説明できない。

　この悩みは量子化学が発展することで解決した。ベンゼンの$\pi$結合の分子軌道は環状に広がり非局在化していることがわかったのである（図1-11（b）のように$\pi$電子雲が広がる）。このような非局在化が起こることでベンゼンは安定化しており、臭素との付加反応が起こらないと説明される。注意しなければならないのは環状になっていればいつも安

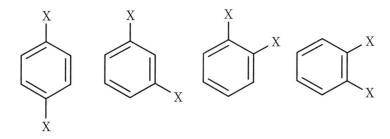

〔図1-12〕ベンゼンが図1-11（a）の構造だと4つの水素2置換体が存在する。

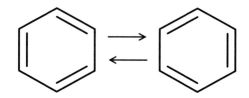

〔図1-13〕ケクレは高速に右と左の構造が入れ替わるモデルを提案。

定というわけではないことである。エーリヒ・ヒュッケルは環上の$\pi$結合に電子が$4n+2$個あるときベンゼンのような安定化が起こるというヒュッケル則を提唱した。このルールは非局在化した$\pi$電子が結合性軌道を満たす条件ということができると思う。直感的な理解にはフロスト円が便利でベンゼンの場合には3つの結合性軌道に6個の電子がおさまり、安定化していることがわかる。また、このフロスト円は5員環であっても6個の電子があれば安定化することを示している。シクロペンタジエンは5つの炭素と6つの水素で形成される。ベンゼンのように一つの炭素に一つの水素だと、さきほどのフロスト円からも予測できるように不対電子ができてしまいラジカルとなって不安定である。そのため、5つの炭素のうち一つだけ2つ水素がついてシクロペンタジエンが形成されている。ここからプロトンが一つとれるとアニオンが形成される。これがまさに5員環の非局在準位に6個の電子が入った状態に相当するが、この状態がとても安定なことが知られている。

　まったく別の角度からも6員環が安定であることが推測できる。先の章で$sp^2$混成軌道では平面三角形の頂点に向けて3つの等価な軌道が張り出すことをみた。つまり、混成軌道間の角度は120°になる。6員環は無理なく$sp^2$混成軌道を受け入れることができるわけである。5員環や7員環ではこうはいかず、$sp^2$のネットワークに組み込もうとするとど

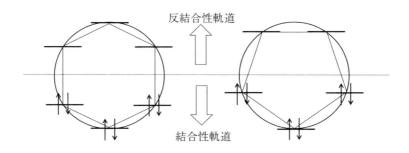

〔図1-14〕直感的理解を助けるフロスト円を利用した芳香族安定性の説明。図に示した2つのケースとも結合性軌道が満たされており安定である。

◯第1章　炭素という元素

うしてもひずんでしまう。6員環だけであれば $sp^2$ のネットワークは平面上に広げていくことができる。この代表例がグラフェンシートである。これに対して、5員環が入ってくると平面性を保てなくなり丸まってくる。フラーレン $C_{60}$ がサッカーボールの形をしているのは5員環が導入されているためである。このような曲率を与えられるとひずみエネルギーの分だけ不安定になる。カーボンナノチューブのキャップ部分にも5員環があるが、ボディの6員環よりも化学的な反応性が高いことが知られている。酸素と反応させると、ボディのところより、キャップの反応が早く起こる。うまく反応時間を制御してやるとキャップの部分だけを燃やして開端したナノチューブをつくることができる。

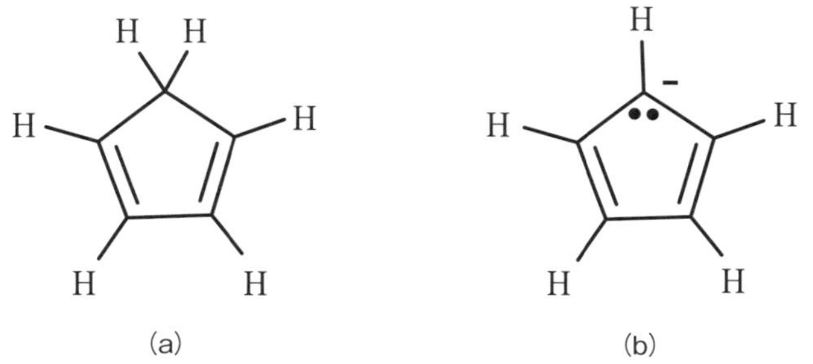

(a)　　　　　　　　　　(b)

〔図 1-15〕(a) シクロペンタジエンと (a) からプロトンがひとつとれた (b) アニオン。

－ 16 －

## 1－5．炭素‐炭素結合の強さ

　カーボンナノチューブの魅力を伝える応用先に宇宙エレベータがある。地球の大気圏の外からナノチューブをするすると地上におろして人や荷物を運ぶのだという。現在は人工衛星を打ち上げるのに使い捨てのロケットを使用しているが宇宙エレベータができればそうした無駄がなくなるという、素晴らしいものである。このようなことを、少なくとも机上で議論できるのはカーボンナノチューブが軽くて強いからである。その強さはどこからくるのであろうか、たどっていけば炭素‐炭素の結合が強いからということに行き当たる。ここでは、その炭素‐炭素結合の強度についてみていこう。

　炭素‐炭素結合といっても1-3節や1-4節でみたように炭素の結合様式は実にバラエティに富む。結合様式によって、おそらく相当に異なる結合特性になっているだろうと容易に予測できる。実際に炭素原子間の結合の強さは物質により大きく異なるのであるが、そもそも結合の強さをどのようにして評価すればよいであろうか。

　ひとつの指標はその結合の長さである。結合が強ければ短く、弱ければ長くなっているであろう。$sp, sp^2, sp^3$ 混成軌道の代表としてあげたエタン、エチレン、アセチレンの炭素‐炭素結合の長さは、1.54, 1.34, 1.20 Å

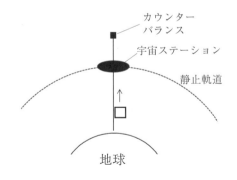
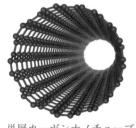

単層カーボンナノチューブ
(SWCNT)

〔図1-16〕カーボンナノチューブの応用先として期待される宇宙エレベータ（軌道エレベータ）。

となっており、予想通り $\sigma$ 結合だけのエタンにくらべて、$\pi$ 結合が加わるエチレン、アセチレンの方が結合距離が短くなっている。

　固体試料でももちろん事情は同じである。$sp^3$ のダイヤモンドはエチレンとほぼ同じ長さであり、$sp^2$ の黒鉛は 1.42 Å とダイヤモンドやエチレンよりは短くなっているが同じ $sp^2$ のエチレンよりは長い。これはエチレンの場合には炭素-炭素結合にひとつの $\pi$ 結合が加わるのに対して、黒鉛はベンゼンと同じように共鳴構造であり 6 つの炭素-炭素結合に 3 つの $\pi$ 結合が加わるような形になっているからである。今、黒鉛はベンゼンと同じ共鳴構造と説明したところであるが、両者の炭素-炭素結合距離は微妙に異なり、ベンゼンの方が 1.39 Å とやや短い。同じ $sp^2$ の共役系であっても、当然周囲の環境により炭素-炭素結合距離は変わってくる。フラーレン $C_{60}$ は 60 個の炭素原子はすべて等価であるが、炭素-炭素結合は 2 種類ある。6 員環と 6 員環をつないでいる炭素-炭素結合（C-C(6/6)）と 6 員環と 5 員環をつなぐ C-C(6/5) である。結合距離は前者が 1.39 Å、後者が 1.43 Å と知られている。カーボンナノチューブも原理的にはその巻き上げ方（カイラリティ）により結合距離は変わってくるはずであるが、黒鉛やグラフェンと同じ距離として扱われること

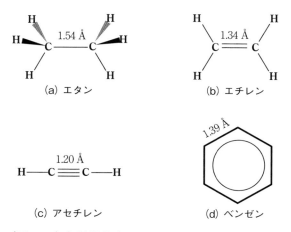

〔図 1-17〕各種炭化水素分子の炭素－炭素結合距離。

が多い。

　結合距離が結合の強さの指標となることは理解できたが、もう少し、定量的に強さを表すことはできないものだろうか。例えば、ある結合を引き離すのに必要なエネルギーを評価することができれば大変に便利である。残念ながらこうしたエネルギーを直接的に実験で求めることはできない。しかし、いろいろなアプローチでそのようなエネルギーを評価しようという試みは行われており、ここでは熱力学的なアプローチについて紹介する。

　結合がある状態とない状態のエネルギー差を評価することにより、結合の強さを評価する。このエネルギー差を結合解離エネルギーという。ダイヤモンドの結合解離エネルギーを実際に求めてみよう。化学便覧をひくとダイヤモンドの標準生成エンタルピーが 1.895 kJ/mol とわかる [5]。結晶の標準生成エンタルピーはその結晶を構成する元素のもっとも安定な状態を基準とする。ダイヤモンドの標準生成エンタルピーは黒鉛を基準に測られている。今、知りたいのはダイヤモンドを炭素原子ひとつひとつバラバラにしたときのエネルギーなので黒鉛基準では拙い。そこで、もういちど化学便覧をひくと黒鉛を炭素原子ひとつひとつバラバラにしたときのエネルギーが 716.682 kJ/mol とわかる。これを昇華熱と呼ぶことがあるが、$C_{60}$ のように分子の形で昇華するものもあるので原子化エネルギーと呼んだ方が直感的である。いずれにしても、グラファイトをバラバラにするのに 716.682 kJ/mol、ダイヤモンドをバラバラにするには 716.682−1.895＝714.787 kJ/mol とわかった。さて、グラファイト、ダイヤモンドをバラバラにするのに炭素原子あたりそれぞれいくつの結合を切ればよいだろうか。一つの炭素原子はダイヤモンドは $sp^3$ 結合で4つの、グラファイトは $sp^2$ で3つの炭素原子とつながっている。ひとつ結合を切ると2つに分かれることに注意すると、ひとつの炭素原子当たり、ダイヤモンドは2個の、グラファイトは1.5個の結合を切ればバラバラにできる。すると、先ほどのエネルギーをつかって、グラファイトは 716.682/1.5＝477.788 kJ/mol、ダイヤモンドは 714.787/2＝357.394 kJ/mol が求まる。これを結合解離エネルギーという。あまり細かな数値

○第1章 炭素という元素

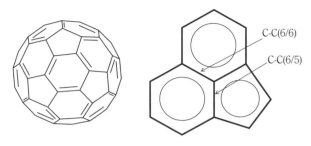

〔図 1-18〕フラーレン $C_{60}$ の 2 種類の炭素－炭素結合。

を追いかけることは本書の趣旨からずれるので大雑把にとらえていただきたいが、同じ C-C 結合でも随分と結合解離エネルギーが異なることが理解できるかと思う。

　混成軌道の章で $sp, sp^2, sp^3$ の代表として取り上げた、エタン、エチレン、アセチレンの C-C 結合解離エネルギーはそれぞれ 331, 591, 827 kJ/mol であり、予測通り $\pi$ 結合が加わることで結合が強化されていることがわかる。また、同じ $sp^2$ といってもエチレンのようにひとつの結合に $\pi$ 結合が加わる場合と、グラファイトのような共役系では当然ではあるが結合解離エネルギーに差がある。$C_{60}$ には 2 種類の C-C 結合（C-C(6/6) と C-C(6/5)）がある。大澤映二らはこの 2 種類の C-C 結合の結合解離エネルギーが $C_{60}$ と $C_{70}$ とで同じであるとして算出している [6]。両者の生成エネルギー（論文では $C_{60}$ と $C_{70}$ を同じ条件で測定した 2281.7, 2384.1 kJ/mol を採用）をもとにすると C-C(6/6) と C-C(6/5) の結合解離エネルギーはそれぞれ 462.1, 443.9 kJ/mol と算出される。C-C(6/5) のほうがわずかに切れやすそうである。

[5] 化学便覧第 5 版（丸善出版）
[6] Z. Slanina, E. Osawa, Fullerene Sci. Tech., 5, 167-175, (1997).

## 1－6．宇宙の中の炭素、地球の中の炭素

　最初の節で宇宙の誕生から炭素原子が複雑な核融合を経てつくられることをみてきた。そのようにしてつくられた炭素原子は私たちのまわりにどのくらい存在しているのかを確認しておこう。まず、私たちが暮らしている地球は太陽系に属している。この太陽系に含まれている元素の存在割合を元素の宇宙存在度という。宇宙全体ではなく太陽系に限定される。少し考えれば、太陽系以外の宇宙の元素存在度を考える手段はきわめて限られるから仕方がないことと理解できる。しかし、よく考えると、太陽系の元素存在度を得ることも相当に難しいのではないかと思い当たる。これを調べる有力な手段は2つあり、一つは隕石の元素分析、もう一つは太陽大気からのスペクトル分析である。

　太陽系が誕生した46億年前ごろにつくられた隕石を元素分析することにより太陽系に散らばっていた元素の分布を調べようという方法は受け入れやすい。一方の太陽大気のスペクトルを分析しても太陽の元素組成しかわからないのではないかと疑問に感じるのではないだろうか。しかし、太陽系の質量の99.9％が太陽だと聞けば疑問は解消する。また、

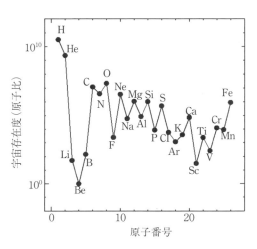

〔図1-19〕元素の宇宙存在度。

このスペクトル分析で得た結果と隕石の分析結果は調和的であるとのことである。これらの分析結果を受け入れると、炭素は宇宙で水素、ヘリウム、酸素についで4番目に多く存在する元素であるらしい。

　太陽系を離れて宇宙全体を調べたとしても炭素はメジャーな元素であることに変わりはない。1985年の$C_{60}$の発見も天文学者のハロルド・クロトーが同定できない星間分子のスペクトルを何とか理解しようと進めた実験によるものであった。その後、いくつかの星雲からのスペクトル分析で$C_{60}$や$C_{70}$の存在が確認されている（図1-20）[7]。

　さて、視点を移して地球の中の炭素について考えてみよう。地球そのものはFe, Mg, Si, Oで9割以上を説明してしまうので地球全体に占める炭素の割合はそれほど多くはない。地球は重力の大きな太陽からすこし離れているため、図1-18よりやや軽元素に富んだ元素組成で作られたと考えられる。しかし、地球の重力は大きくないので揮発性の軽元素は徐々に失われたとされる。実際、元素の宇宙存在度で圧倒的に存在量の多い水素は空気中に1 ppmも含まれていない。

〔図1-20〕星雲からのスペクトル解析で宇宙空間でフラーレン$C_{60}$や$C_{70}$が生成されていることが明らかになった。

しかし、私たち人間をはじめ動植物は皆、有機物で構成されており多くの炭素原子を含んでいる。空気中には窒素、酸素、アルゴンについで4番目に多く含まれる二酸化炭素のかたちで含まれている。地中には石灰岩に代表される炭酸塩岩や石油、石炭、天然ガスなどさまざまなかたちで炭素が含有されている。今、紹介した地球上の炭素化合物は一見何の関係もなさそうだが実は大いに関係しており、大きな時間・空間スケールでながめるとこれらの化合物の間を炭素原子が循環しているととらえることができる。

46億年前とされる地球誕生からしばらくの間はジャイアント・インパクトに代表される微惑星の衝突により地球表面はマグマオーシャンと呼ばれる灼熱の世界であったとされる（図1-21）。微惑星の衝突が繰り返される時代が終わり、表面温度が徐々に下がりマグマオーシャンの固結が進むと現在の地球の姿に近い状態となっていく。マグマから脱ガスした水蒸気や二酸化炭素などで大気が形成され、すくなくとも40億年前くらいには大気の水蒸気から海が誕生していたと考えられている。この海の誕生に大気の二酸化炭素が一役買ったようだ。海が誕生したころの太陽の核融合反応は現在ほど活発ではなく、大気に二酸化炭素がなければ水にならずに氷になってしまうことが予測されるのである。最近、二酸化炭素は温室効果ガスとしてやり玉にあがるが、まさにこの効果により水の海が誕生したと考えられている。

その後、いつ、どのようにして生物が誕生したかは議論が尽きていないように思う。しかし、誕生した生物により光合成が行われ大気中の$CO_2$から有機物が形成されるとともに大気中に酸素が放出されたことは

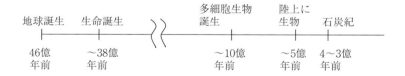

〔図1-21〕地球誕生から石炭紀までの年表概略。

確かである。信じられないかもしれないが、現在、空気中に含まれる酸素ガスはこうした光合成によりつくられたもので生物が誕生したころの大気には酸素ガスはほとんど含まれていなかったとのことである。

地球は生物誕生後、さまざまな気候変動、環境変化を経ることになる。やがて大気の酸素濃度が高くなり、オゾン層が形成され太陽から地上に届く紫外線が弱められると陸上に生物が上がり始めた。約4億年前には陸上に大森林が形成されるようになった。このころの植物が有機物として堆積したものが現在の石炭と考えられる。

大理石に代表される炭酸塩鉱物を含有する岩石の多くは、石炭と同様生物に起源をもつ。例えば、サンゴ、貝殻などが海洋プレート上に堆積し、プレートの移動により地中深くで変成をうけて石灰岩がつくられる。

このようにして大気中の二酸化炭素から生物、生物から鉱物へ炭素が運ばれてくるのをみたが、火山活動などにより鉱物に取り込まれた炭素がふたたび二酸化炭素の形で大気へ放出される。非常に壮大な炭素循環が地球上で起こっているのである(図1-22)。

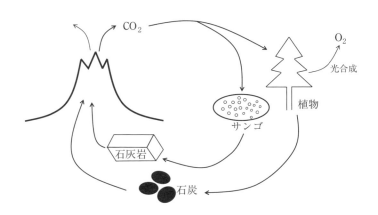

〔図1-22〕炭素の大循環。

[7] J. Cani et al., Science, 329, 1180-1182, (2010).

# 第2章

ナノカーボンの合成

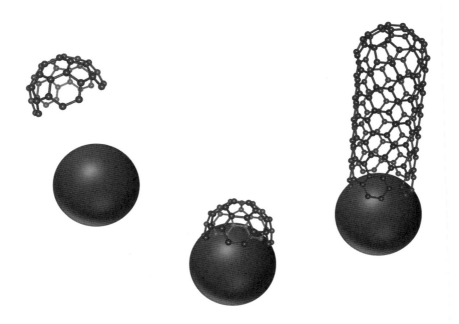

## ２−１．炭素の温度 - 圧力相図

　第1章では炭素という元素についてみてきた。炭素原子が結合の多様性を有し多くの化合物を作り出せること、その化合物が地球の豊かな自然をつくりあげていることを確認した。炭素原子はそうした化合物ばかりではなく、炭素原子のみからも多様な固体材料をつくりだせる。本書の読者ならダイヤモンド、黒鉛（グラファイト）といった結晶だけでなく、フラーレン、カーボンナノチューブ、グラフェンといったナノカーボンもすべて炭素原子のみから構成される同素体であることはよくご存知であろう。第二章ではこうした同素体がどのようにつくられるのかを眺めていきたい。

　数多くの同素体を有する炭素であるが、その温度 - 圧力相図に登場するのは黒鉛とダイヤモンドのみである（図2-1）[1, 2]。これは温度 - 圧力相図にはその温度、圧力条件で熱力学的にもっとも安定な状態のもののみが書き込まれるからである。この相図を初めて見た方は、まずは温度

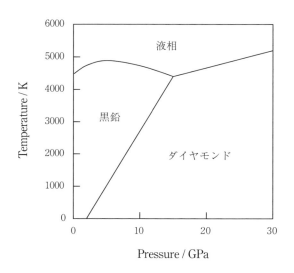

〔図2-1〕文献 [1], [2] を参考に筆者がまとめた炭素の相図の概略図。概略図であり相境界の精度は高くないことに注意。

の軸を確認してください。黒鉛の相と液相との相境界はなんと 4,000 K 以上もある。つまり、少なくとも 4,000 K まで黒鉛は安定であるということである。実際、黒鉛は優れた耐熱材としても利用される。さて、今、私は黒鉛の相と液相との相境界というような少々まどろっこしい表現を用いた。より端的に黒鉛の融点が 4,000 K 以上と書けばよいのにと思われた方もいるかもしれない。しかし、そのような表現を避けなればならない事情があったのである。融点というのは固相が液相に変わる温度であるが、1 気圧下でという条件がつく（1 気圧は図 2-1、2-2 で使われている GPa 単位で書くとおよそ 0.0001 GPa）。図 2-2 はさきほどの炭素の相図の低圧部分を拡大したものである。驚いたことに 1 気圧下では黒鉛は高温下で直接、気相に変化する。ナノカーボンの多くは真空容器内すなわち低圧で黒鉛を加熱するような方法で合成されるが、そのような条件では黒鉛は融解せずガス化することがこの図からわかる。気相、液相、固相の 3 つが共存する温度、圧力を 3 重点というが、この点の圧力は 100 気圧程度とかなり高圧である。

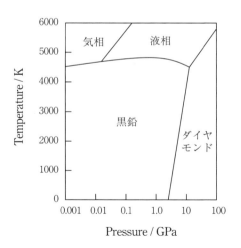

〔図 2-2〕相図の低圧部をみるため圧力軸を対数軸にとったもの。概略図であり相境界の精度は高くないことに注意。

さて、私たち人間が通常生活している圧力・温度は図2-1の左下の隅に相当する。つまり、私たちの暮らしているところでは固体の炭素は黒鉛がもっとも安定な状態であり、高圧下でダイヤモンドが安定だとわかる。私たちが目にするダイヤモンドはどこでできたのかというと、圧力が高い地下深くということになる（図2-3）。地球内部の上部マントルで形成されたダイヤモンドがマグマの噴出時に一挙に押し上げられたと考えられている。もたもたしていると熱エネルギーをうけて安定な黒鉛に変化してしまうので、一挙に持ち上げられ、急速に冷やされたはずである。地表に出てきたら、安定な黒鉛になるのではと思われた方もいるかもしれない。しかし、ダイヤモンドから黒鉛になるには大きな活性化エネルギーが必要で室温付近ではこの変化はほとんど起こらないと考えてよいであろう。

　意外なことに、ダイヤモンドの生成熱は 1.89 kJ/mol しかない。生成熱というのはもっとも安定な状態を基準に測られるから、この場合は黒鉛が基準となる。つまり、黒鉛を基準に測定したダイヤモンドの生成熱が 1.89 kJ/mol ということである。少し前に議論した活性化エネルギー

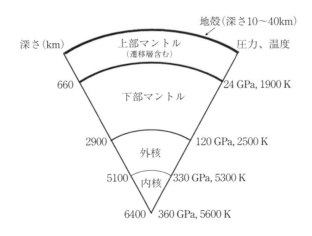

〔図2-3〕地球内部構造。地表からの深さと温度－圧力の関係。

があるので黒鉛から簡単にダイヤモンドができるわけではないが、両者の安定度はかなり近いことがわかる。これに対して、例えば$C_{60}$の生成熱はかなり大きいことが知られている。さまざまな報告値があり厳密な議論は避けるべきだが、第1章で使った 2281.7 kJ/mol をもとに考えてみよう。この数字はかなり大きな数字に見えるが、$C_{60}$の1モルあたりの数字なのでダイヤモンドの1モルあたり（すなわち炭素原子アボガドロ定数分の）の生成熱と比較するときには注意が必要で60で割らないと比較できない。しかし、同じ土俵で比べてみても 2281.7/60 ≒ 40 だから、やはりダイヤモンドの 1.89 より格段に大きいことがわかる。すなわち、黒鉛やダイヤモンドとは$C_{60}$の化学的な安定性は大きく異なるということである。カーボンナノチューブについてはチューブ径や長さがまちまちであるから実験的にきちんとした熱力学量を特定のチューブに対して決定することはかなり困難である。

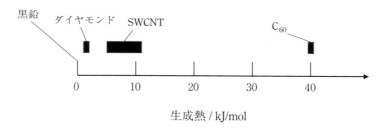

〔図2-4〕炭素同素体の生成熱（炭素原子アボガドロ数分ということに注意）のまとめ。

[1] F. P. Bundy, Physica A, 156, 169-178, (1989).
[2] 水原栄治、大阪大学修士論文、(1990).

## 2-2. ナノカーボンの発見

炭素の同素体として黒鉛とダイヤモンドが知られていたが、1985年に第三の同素体フラーレン $C_{60}$ がハロルド・クロトー、リチャード・スモーリーらにより発見された。その後、カーボンナノチューブ、グラフェンへと続くナノカーボン科学の世界がこのとき幕を開けた（図2-5）。

1985年のフラーレンの発見はのちに奇跡の2週間と呼ばれる。イギリスからクロトーがヒューストンのスモーリーの研究室を訪れ、実験を始めてから9月13日にNature誌に論文が届くまでの2週間のことである [3]。実際にはクロトーが到着する約1週間前から予備実験が行われているが、そこを含めても3週間程度であるからまさに奇跡としか言いようがない。クロトーはもともと天文学者であり、星間分子の研究を行っていて炭素クラスターにも強い関心を持っていた。スモーリーの研究室のレーザー蒸発装置（レーザー集光により10,000℃を超えるとのこと）により炭素クラスターをつくりだそうと考えたようだ。黒鉛のディスクにレーザーを集光してつくり出した炭素の蒸気をヘリウムガスで冷却してクラスターを生成する。生成したクラスターはそのまま質量分析にかけられた。この実験で炭素原子60個のクラスターが強く観測される実験条件を見つけ出したようだ。前の節でみたように黒鉛は比較的低い圧力下では高温で固相から直接気相になる。このガス化された炭素原子が冷却により凝集する過程でなぜ球状の構造をとるのかについては節

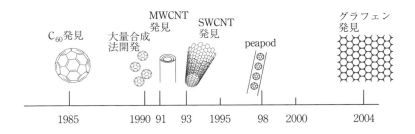

〔図2-5〕ナノカーボン発見の歴史。MWCNT, SWCNTはそれぞれ多層、単層カーボンナノチューブを示す。

をあらためて議論する。クロトーとスモーリー、2人を結び付けたロバート・カールは1996年にノーベル化学賞を受賞する。しかし、$C_{60}$の化学が発展し彼らの受賞を可能にしたのは1990年にヴォルフガング・クレッチマーの黒鉛ロッドの抵抗加熱による大量合成法の発見があったからだと考えるのは私だけではないはずだ。

クレッチマーの$C_{60}$の大量合成法はさらに大きな発見にもつながった。クレッチマーの報告を受けて世界各地で$C_{60}$の合成が行われることになった。日本の研究者も活発に合成実験を行ったが、その一人が名城大学にいた安藤義則であった。安藤研で$C_{60}$の合成に使用された炭素棒を飯島澄男が持ち帰り、電子顕微鏡観察を行ったところカーボンナノチューブが見つかったのである [4]。カーボンナノチューブの合成法としては現在はアーク放電法、レーザー蒸発法、化学気相法の3つに大別される

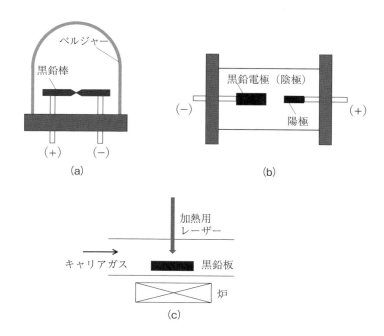

〔図2-6〕(a) 黒鉛抵抗加熱、(b) アーク放電、(c) レーザー蒸発法の模式図。

が、最初のナノチューブ合成はアーク放電法に近いものであったことがわかる（図2-6）。$C_{60}$ を発見したスモーリーはナノチューブの分野でも活躍したが、とくにレーザー蒸発法の進展に大きな貢献をしている。アーク放電法とレーザー蒸発法は高温で炭素のガスをつくり出す点で共通しており、これらの方法で合成されたナノチューブは一般に欠陥の少ない良質なものとなる。一方、化学気相法は触媒金属の助けをかりて比較的低温で炭化水素ガスを分解してナノチューブを成長させる。1000℃以下の低温で合成されることが多く、アーク放電法とレーザー蒸発法で合成されたものに比べて欠陥が多いナノチューブが合成される。

　コンスタンチン・ノボセロフとアンドレ・ガイムは2004年にグラフェンに関する画期的な論文を発表した[5]。スコッチテープを使って黒鉛からグラフェンシートを取り出す方法を開発し、これによってグラフェンを発見したのである。グラフェンに対して発見という言葉はちょっとしっくりこないかもしれない。なぜならば、黒鉛がグラフェンシートを積層したものであることはずっと以前から知られていたことだからである。しかし、だれもが一枚のシートを取り出すことは困難だと考えていた中でそれを実現してみせたのだから発見という言葉がやはりふさわしいであろう。ガイムとノボセロフは2010年にノーベル物理学賞を受賞した。

　以上がナノカーボン発見小史だが少しだけ書き足したい。大澤映二がすでに1970年に雑誌「化学」に $C_{60}$ について書いていることはよく知られている。遠藤守信は少なくとも1970年代後半には化学気相法によりかなり直径の小さなカーボンファイバーを合成しており、1980年代にはその方法で合成されるVGCF（Vapor Grown Carbon Fiber）が事業化されている。大橋良子はガイムたちのスコッチテープの方法とほぼ同じ方法で黒鉛の薄層化について1970年代に論文を書いている。

[3] H. W. Kroto, et al., Nature, 318, 162-163, (1985).
[4] S. Iijima, Nature, 354, 56-58, (1991).
[5] K. S. Novoselov, et al., Science, 306, 666-669, (2004).

○第2章　ナノカーボンの合成

## 2−3．ダイヤモンド合成

　炭素の温度圧力相図（2-1節）を眺めるとダイヤモンドが高圧下で安定な相であることがわかる。もっとも、この相図はフランシス・バンディらが難しい実験を重ねてたどりついた成果であり、そんなに昔から知られていたわけではない。しかし、その正確な図は知らなくてもダイヤモンドが炭素の高圧相であることは相当古くから認識されていたようである。少なくとも、1907年に亡くなったアンリ・モアッサンはそのように考えていたと思われる。

　フッ素を単離したことで有名なモアッサンはダイヤモンドをなんとか合成できないかと考えていた。1800年代後半にモアッサンは融解した鉄に炭素を溶解させたのち急冷するという実験を行った。驚嘆すべき知識に裏打ちされたアイデアあふれる実験である。鉄が炭素を溶かし込むということを理解しており、急冷により鉄が収縮する際に炭素に高圧がかかりダイヤモンドができるのではとの発想に感嘆する（図2-7）。残念ながら何度繰り返してもダイヤモンドはできない、圧力が十分ではなかったのである。この様子をみかねた助手がそっと天然ダイヤモンドの粒

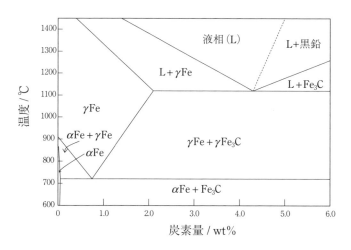

〔図2-7〕炭素と鉄の状態図の概略図。境界線の精度は高くないことに注意。

を混入させたといわれている。モアッサンは助手の仕業とは知らず合成実験が成功したと信じてダイヤモンドの合成を報告してしまった。亡くなるまで信じていたとされ、モアッサンの悲劇といわれる。

圧力は温度と並んで重要な熱力学パラメータであるが、1万気圧を超えるような高圧力実験が行えるようになったのは1900年代に入ってからである。高圧力科学の開拓者として1946年にノーベル物理学賞を受賞したパーシー・ブリッジマンが有名である。このブリッジマンがダイヤモンドの人工合成に初めて成功したと書いている書物があるがこれは正しくない。確かに1941年に当時戦争中で兵器をつくるために研磨剤を必要とした米国政府からブリッジマンはダイヤモンド合成を依頼された。炭素に高温高圧をかける、今でいう直接変換という手法で臨むが不首尾に終わる。直接変換は大きな活性化エネルギーに打ち勝つために非常に高い圧力（通常10万気圧以上）が必要であるが、ブリッジマンの装置では3万気圧程度しか得られなかったようである。

その後、このダイヤモンド合成のプロジェクトはシリカの高圧相を発見したことで有名なローリング・コース Jr. を経て1950年にジェネラル・エレクトリック（GE）社に移る。なかなか成果がでない中、1954年12月8日に研究チームの一人ハーバート・ストロングは鉄箔で包んだ天然

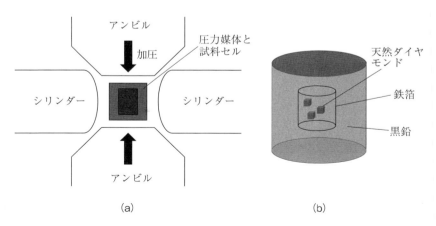

〔図2-8〕(a) 高圧プレスと (b) 試料セル（ストロングの実験）の概略図。

ダイヤモンドの粒を黒鉛の中に入れたものを高温高圧処理した（図2-8）。天然ダイヤモンドを核に結晶成長させようというアイデアである。設定圧力は5万気圧、設定温度は1,250℃程度で、16時間の反応実験を行った。16時間温度圧力を一定に保つのは困難で時々1,250℃を超えたようだ。結晶粒の成長があるかどうか確認するため鉄箔のところまで研磨剤で黒鉛を削ろうとするとこれができない。黒鉛がダイヤモンドに変わっていて研磨剤が負けてしまっていたのである。GEのチームはストロングの実験の再現実験にしばらく苦慮するがホールが行った別の実験などを手掛かりに鉄の存在下で5万気圧、1,300℃以上で黒鉛を処理するとダイヤモンドを合成できることをつきとめる。鉄を触媒とするダイヤモンドの高圧合成法はこのようにGEで開発され、1955年Nature誌にMan-made Diamondsというタイトルの論文が掲載されることになる[6]。年間100トン程度の合成ダイヤモンドがこの方法で作られるようになった。

　高圧法の開発から30年ほど遅れたものの、急速に市場を広げているのが化学気相法（CVD法）によるダイヤモンド合成である（図2-9）。炭素源となるメタンなど炭化水素を水素ガスなどで希釈したのち、熱やマイクロ波などによりガスを活性化させダイヤモンドを合成する。ダイヤモンドの成長メカニズムにはいまだ不明なことが多いが、$CH_3$ラジカル、原子状水素などの活性種が成長を支配していると考えられている。高圧法と異なり膜成長が可能なため、切削工具のコーティングなどによく用いられる。

〔図2-9〕マイクロ波プラズマCVD法によるダイヤモンド合成の模式図。

[6] F. P. Bundy, et al., Nature, 176, 51-53, (1955).

## 2−4．C$_{60}$ の生成メカニズム

さきの節（2-2節）でフラーレン C$_{60}$ の最初の合成は黒鉛ディスクを原料にレーザー蒸発法で行われたことをみてきた。高温で炭素をガス化させる、すなわち原子状炭素をつくりだしたのち、分子を再構築する過程で C$_{60}$ が形成されたと述べた（図 2-10）。ここではもう少し、この形成過程を踏み込んで理解したい。

高温のガス状炭素からさまざまな小分子が形成されるのは、2-2節で述べたクロトー、スモーリーらの最初の C$_{60}$ 合成実験でも確認されている。彼らの実験ではレーザーで加熱されてつくられた炭素のガスはすぐヘリウムガスで冷却される。冷却過程で生成した分子（クラスター）は質量分析計にかけられる。得られた質量分析スペクトルをみると実にさまざまな小分子がつくられているかがわかる。こうした小分子からなぜ C$_{60}$ はつくられたのであろうか。

第1章で炭素の6員環ネットワークは $\pi$ 共役系と呼ばれ安定であることをみてきた。$\pi$ 共役という観点からは6員環ネットワークが広がったほうが一般に安定であり、その極限はグラフェンと推測される。ただし、この説明には重大な欠陥がある。炭素の6員環ネットワークを広げてグラフェンのような分子をつくったとしよう。この分子は安定だろうか？たしかに第1章でベンゼンは6員環をつくることで芳香族安定性を得ると説明した。しかし、今考えている、「炭素の6員環ネットワーク」は何かが違う。そう、ベンゼンには水素も含まれている（図 2-11 (a)）。

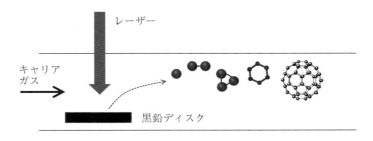

〔図 2-10〕レーザー蒸発法でフラーレン C$_{60}$ が生成する過程の模式図。

仮想的にベンゼンから一つ水素を取り除いたものを想像してみよう（図2-11 (b)）。水素が取れた炭素原子には不対電子が存在することになり不安定になる。化学ではこのような原子をラジカルと呼び、材料科学の世界では結合が切れた状態を指してダングリングボンドと言う。

スモーリーらが行った実験では反応管の中にはキャリアガスとなるヘリウムを除けば、存在しているのは炭素だけである。炭素だけで6員環ネットワークをつくろうとすると、どうしてもダングリングボンドができてしまう。これを避けるには6員環以外の構造をいれることでダングリングボンドの数を減らすしかない。スモーリーは5員環をなるべく多く取り入れた構造が優先されるというペンタゴンルールという説を提案している [7]。6員環ネットワークは平面構造だが5員環を取り込むと曲率を生じる。$\pi$ 共役系を広げながら、ダングリングボンドを減らす、この行きついた先が5員環による曲率によってダングリングボンドの数がゼロになったフラーレンの構造である（図2-12）。

フラーレンには炭素数の異なるものが多数存在するが、$C_{60}$ の次にくるのは $C_{70}$ である（図2-13）。その間には安定なフラーレンは存在しない。なぜ $C_{60}$ の次は $C_{70}$ であるのかは5員環同志が隣り合わない IPR (Isolated Pentagon Rule) 則というもので説明される。5員環同志が隣り合うとひずみが大きく不安定になるからである。この IPR 則を破るものは中空フラーレンでは見つからなかったが、のちにフラーレンのかごのなかに他

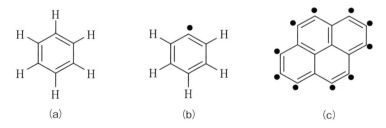

〔図2-11〕(a) ベンゼン。(b) ベンゼンから水素原子が一つ外れたもの、黒丸はラジカルであることを示す。(c) 六員環4つから構成され、水素を持たない炭素クラスター（10個のダングリングボンド）。

元素を取り込んだ内包フラーレンで5員環が隣り合うかご状構造のものが発見されている。

さて、驚いたことに、$C_{60}$ は天然にも見つかっている。第1章では星間分子として $C_{60}$ のスペクトルが観測されることを述べたが、それだけでなく地球上の天然鉱物の中からも $C_{60}$ が見つかっている。$C_{60}$ が生成

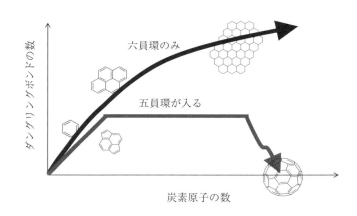

〔図 2-12〕炭素クラスターの原子数とダングリングボンドの数の関係。ダングリングボンドの数は六員環だけだと単調に増えるが五員環を入れることで少なくできる。

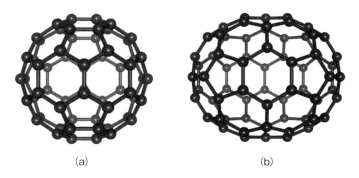

〔図 2-13〕(a) $C_{60}$, (b) $C_{70}$ の分子構造。5員環同志が隣り合わない IPR 則を満足している。

◯ 第2章　ナノカーボンの合成

されるのはかなり還元的な雰囲気に限定される。地球の歴史の中でそのような条件が整うのは限られた期間になるから、$C_{60}$ が鉱物の年代測定のツールになるのではないかとの面白い議論がある。

　$C_{60}$ の美しい構造を有機化学反応だけで作り上げられないかということに挑戦する有機化学者はたくさんいた。$C_{60}$ の部分構造とみなせるコラニュレンやその類似の構造を持つ分子を出発とするなどさまざまな試みがなされたが簡単ではなかった。そのような中で、2002 年にローレンス・スコットは 1−ブロモ−4−クロロベンゼンを出発とし、11 段階の反応で $C_{60}$ を切り開いたような構造の前駆体を合成した。この前駆体を真空状態で 1100℃で加熱することで球状の $C_{60}$ が合成されることを Science 誌に報告している（図 2-14）[8]。

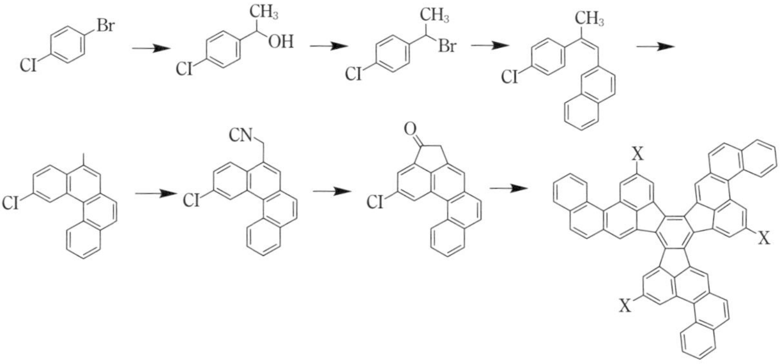

〔図 2-14〕文献 [8] で紹介されている $C_{60}$ の合成手順。このあと真空下で加熱することにより $C_{60}$ が合成される。

[7] R. E. Smalley, Acc.Chem. Res., 25, 98-105, (1992).

[8] L. T. Scott, et al., Science, 295, 1500-1503, (2002).

－ 40 －

## 2-5. グラフェンの生成メカニズム

　グラフェンは 2-2 節で述べたようにガイムとノボセロフにより黒鉛からスコッチテープで剥離することで単離できることがわかり、研究に火がついた（図 2-15）。その後、実用応用を目指してさまざまな剥離法が開発された。タンパク質の均質化などに利用される強力な超音波やずり応力を用いるホモジナイザーを使った物理的剥離法と、黒鉛をいったん酸化したのち還元処理する過程で剥離する化学的手法（第 4 章で詳述）とがある。スコッチテープの方法では良質な一層から数層のグラフェンを得ることができるが、応用研究に利用できるような量はとれない。一方、大量剥離法ではグラフェンに多くの欠陥が導入されたり、層数の小さなものが得にくいという問題がある。

　こうした剥離法とは別に、炭化水素ガスを炭素源とし金属基板上でグラフェンを合成する研究が盛んにおこなわれている。この化学気相合成（CVD）法は欠陥の少ないグラフェンが得られる、層数の均一性が良く大面積試料の作製が可能という利点を有している。ここではこの CVD 法でグラフェンがどのように生成するのかをみていきたい。

　炭化水素分子の炭素-水素結合は一般に安定である。第 1 章で議論した結合解離エネルギーでみるともちろん炭化水素分子の種類によって異なるがおおむね 400 kJ/mol 程度である。したがって、熱エネルギーだけでこれを切断しようとすると一般に 1000℃以上は必要になる。しかし、

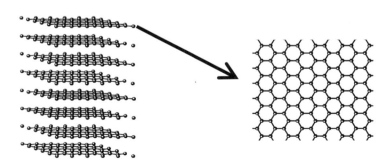

〔図 2-15〕黒鉛からの物理剥離によりグラフェンの再発見があった。

遷移金属が存在すると炭化水素の分解がより低温で起こることが知られている。炭化水素分子が金属表面に解離吸着するなどして、遷移金属が熱分解の触媒的な役割をしている。

さまざまな遷移金属表面上でのグラフェンのCVD成長が報告されており、一般的な生成メカニズムを議論することは簡単ではない。やや乱暴ではあるが、遷移金属を炭素の固溶度が高いものと低いものにわけて考えてみよう。固溶度の高い金属はいったん金属と炭素の固溶体を形成し、溶けきれなくなった炭素が析出する。このときにグラフェンが析出する場合があるが、多くの場合多層グラフェンである。一方、固溶度の低い遷移金属上では本当の意味でのグラフェン、すなわち1層のグラフェンを得ることができる。こちらの代表金属はCuで、非常に多くのグラフェン合成の報告がある。依然として生成メカニズムには不明なことが多く断定的な表現をすることは難しいが、次のようなことが議論されている。

図2-16の(1)から(3)はCuのような炭素の固溶度が低い金属表面上でのグラフェンの成長過程を模式的に示したものである。熱分解により

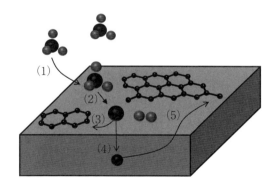

〔図2-16〕基板上でのグラフェンのCVD成長の模式図。炭素の固溶度が小さい時は(1)炭化水素分子の吸着、(2)炭化水素分子の脱水素、(3)グラフェン成長のような過程で進む。一方、固溶度が大きい時はいったん(4)のように金属中に炭素が取り込まれ、(5)の再析出でグラフェンが成長する。

生成した原子状炭素は表面濃度が高くなるとグラフェンの核を生成する。不均一核生成と考えられ、金属表面上の不純物や表面欠陥（ステップなど）のところで核生成すると考えられている。この状態でさらに原子状炭素の供給が続けば（すなわち炭化水素ガスの供給が続く場合）、核が成長しグラフェンが形成されていく。核の分解や、原子状炭素の気相分子への取り込みといった逆方向への反応も並行して起こるので、ガスの供給速度や反応温度による成長速度の制御によりグラフェンの結晶の大きさを変えることができる [9]。

　さて、今見てきた Cu 上での炭素の重合のポイントは何だろうか。炭化水素ガスを金属基板を用いず空中で分解重合させるとすす（カーボンブラック）が生成する。自動車タイヤのゴムの補強材などに利用されるカーボンブラックは黒鉛、活性炭と並んで市場規模の大きい炭素材料である。さまざまな種類のカーボンブラックがあるが、いずれも 3 次元的な炭素原子のネットワーク構造を持つ。グラフェンのような 2 次元構造ではなく、3 次元的な構造が発達する。さて、有機物を蒸し焼きすると、まず、1000℃以下の比較的低温で炭素以外の原子が脱離し、炭素原子間で重合反応が起きる。この過程を炭素化という。この重合体をさらに高温処理すると黒鉛の構造に近づいていく。この過程を黒鉛化といい、黒鉛化する温度が低いものをソフトカーボン（易黒鉛性炭素）、高いものをハードカーボン（難黒鉛性炭素）という。黒鉛構造に近づくとは言っても完全な平面構造を得ることは難しく、特殊な加圧処理などを行わない限り、一般的には 3 次元的な炭素原子のネットワーク構造が残る。このカーボンブラックの例をみてもわかるように、炭化水素が分解して炭素が重合反応する際に平面構造を保つしかけを入れておかないと 2 次元的なグラフェンはできないということである。2 次元的にグラフェンが成長するしかけをつくっていたのが Cu 基板ということである。しかし、Cu が炭素を取り込みにくいということ以外にそのしかけの詳細は必ずしも明解ではない。

　うまく平面性を保ったまま 6 員環構造の重合反応をすることでグラフェンのような構造を有機分子から構築できないだろうか。このようなア

プローチは実際にある。ジンミン・ツァイらは9,9'位でアントラセンを接続し、10,10'位の水素を臭素置換したものを金基板上で重合した[10]。臭素、水素がはずれてモノマーが重合（脱水素重合）することによりグラフェンを細く切り取ったようなカーボンナノリボンが合成される。臭素が水素に比べて結合が切れやすいことを利用し、重合方向を一定に保っている（図2-17）。このような方向付けがなければ必ずしも図2-17（b）のようなリボンにはならず、さまざまなポリマーが合成されることになる[11]。

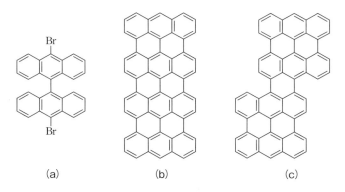

〔図2-17〕(a) 10, 10'-dibromo-9, 9'-bianthryl を脱水素重合して得られる (b) カーボンナノリボン。臭素による方向付けがないと (c) のようなものもできてしまう。

[9] M. Losurdo, et al., Phys. Chem. Chem. Phys., 13, 20836-20843, (2011).
[10] J. Cai, et al., Nature, 466, 470-473, (2010).
[11] Y. Ishii, et al., Nanoscale, 4, 6553-6561 (2012).

## 2-6. 単層カーボンナノチューブの生成メカニズム

これまでに炭素の同素体の合成方法をいくつかみてきた。ストロングが見つけたダイヤモンドの高圧合成法はいったん炭素原子を鉄に固溶させ、再結晶させるというものである。固溶限界以上の炭素は再結晶せざるをえないが、この場合、高圧で安定なダイヤモンドが析出するわけである（図2-18(b)）。これと同じことを低い圧力下で行えば、低圧で安定な黒鉛が析出するはずである（図2-18(a)）。炭素を固溶しやすい遷移金属上で炭化水素の分解反応を行うと多層グラフェンが析出すると述べたのはまさにこのケースである。一方、炭素のガスを冷却するとさまざまな分子（クラスター）が形成されるが、ダングリングボンドが少なく安定なフラーレンがこの過程で生成することも学んだ。こうした知識を総動員して単層カーボンナノチューブ（SWCNT）の生成メカニズムを考えていこう。

SWCNTはグラフェンを丸めた構造だということは本書の読者ならよくご存じだろうし、グラフェンを丸めてSWCNTが構築されるアニメーションをご覧になった方も多いだろう。しかし、決してそのようなかたちでSWCNTが合成されるのではないことは合成条件をみるとわかる。SWCNTの主要な合成法として、アーク放電法、レーザー蒸発法、化学気相法の3つがあることはすでに2-2節で述べた。例外はひょっとしたらあるかもしれないが、この3つの手法に共通するのは金属微粒子を触媒として使用することである。アーク放電法、レーザー蒸発法では単体

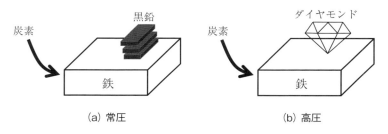

〔図2-18〕金属に取り込まれた炭素は環境により黒鉛あるいはダイヤモンドとして析出。

○第2章　ナノカーボンの合成

炭素のガスを、化学気相法ではおもに炭化水素をそれぞれ炭素源として用いるという違いはあるが、金属の微粒子上では、いずれの場合も平面構造の発達をサポートするものがないのでグラフェンシートを構築するのは困難である。

　化学気相（CVD）法の場合には炭素以外の元素のことも考えないといけないので、議論を簡単にするためアーク放電法、レーザー蒸発法について考えることにしよう。この2つは単体炭素のガスを利用することで共通しているが、それはフラーレン合成とも同じである。フラーレン合成のときとの違いは金属微粒子触媒の有無だが、単体炭素ガスからクラスターが構築される過程は共通しているはずである。つまり、炭素ガスの温度が下がってくるとさまざまなクラスターが構築される。2-4節で議論したように6員環だけでなく5員環を導入してダングリングボンドの数を減らしたクラスターも形成されていることであろう。こうしたクラスターやガスを構成する原子状炭素はある確率で金属微粒子と衝突する。触媒金属としてよく利用される鉄族元素は炭素を良く固溶することが知られている。衝突した原子状炭素や不安定なクラスターはこうした金属触媒に溶け込む。もちろん固溶限界はあるので一定以上の炭素を取り込んだ後に炭素の供給が起こると析出が起こる。このような状況でダングリングボンドの数が少ない比較的安定なクラスター（フラーレンを輪切りにしたようなフラーレンキャップと呼ばれるもの）が金属微粒子に吸着すると何が起こるであろう。金属微粒子には連続した炭素の供給が続き、飽和した炭素原子の析出が始まっている。フラーレンキャップの端部の炭素原子は活性であるので析出した炭素と結合するであろう。すると金属微粒子からキャップが立ち上がるようにカーボンナノチューブの成長が起こる（図2-19）。以上が、SWCNT生成のひとつの仮説である[12]。この仮説を完全に肯定することも、完全に否定することも難しいであろう。また、まったく異なるメカニズムで生成しているSWCNTもあるだろう。

　CVD合成の場合は炭素源に炭化水素ガスなど炭素以外の元素を含むことと、低温プロセスであるのでさらに複雑になるが、触媒金属が鉄族

－ 46 －

元素のように炭素を固溶しやすい金属の場合はさきほどの仮説と同じように考えてよいであろう。CVD 合成においては炭素源として炭化水素のかわりにメタノールなどを用いるアルコール CVD 法や、炭化水素ガスを炭素源として用いるが水蒸気を添加するスーパーグロース法なども知られている [13, 14]。アルコールの水酸基や、水蒸気の分解物は触媒金属の表面に生成したアモルファスカーボンを除去する役割がある。触媒金属がアモルファスカーボンで覆われてしまうと触媒金属への炭素供給ができなくなり SWCNT の成長が止まってしまう。これを除去することで SWCNT の持続的な成長を可能にする。また、炭素源として一酸化炭素 CO を用い 1000℃以上の高温で SWCNT を合成する方法は HiPco 法として知られている。HiPco 法で合成された SWCNT は早くから実験用試料として販売され、多くの論文で利用されている。

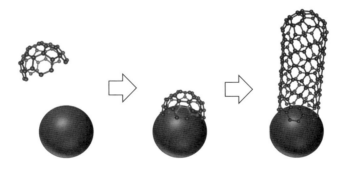

〔図 2-19〕触媒金属上に生成したフラーレンキャップを出発に SWCNT が成長するというモデル。

[12] 阿知波洋次 , Molecular Science, 6, A0055, (2012).
[13] S. Maruyama, et al., Chem. Phys. Lett., 360, 229-234, (2002).
[14] K. Hata, et al., Science, 306, 1362-1364, (2004).

# 第3章

## ナノカーボンの構造、電子状態

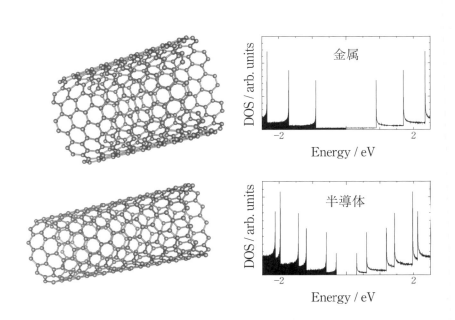

## 3－1．黒鉛とダイヤモンドの構造、電子状態

　宝飾品として他を寄せ付けない最も高い人気を誇るダイヤモンドは実用材料としても硬度、熱伝導度などで比類ない性質を有している。その類まれな性質は、1章で述べた強固なC-C結合が3次元的にはりめぐらされた構造によるところが大きい。まずは、その構造をみていこう。

　ダイヤモンドの結晶構造はさまざまな言葉で表現される。単純な面心立方構造の原子配置を2組用意し、ひとつの頂点の位置を (1/4, 1/4, 1/4) だけずらして組み合わせるとダイヤモンド結晶ができる。無機化学の教科書では、面心立方構造の四面体孔の半分を埋めた構造と教わる [1]。あるいは、閃亜鉛鉱構造の亜鉛と硫黄をすべて炭素で置き換えた構造ということもできる（図3-1）。一つの炭素原子に注目すると、その原子を中心として正四面体の頂点の位置に周囲の4つの炭素原子が配置されている。1章でみた $sp^3$ 炭素の典型的なネットワークである。立方体の単位格子の長さは3.56 Åであり、この長さの$\sqrt{3}$倍が体対角線の長さでその1/4、すなわち1.54 Åが炭素-炭素原子間距離である。なお、ダイヤモンドの表面がどのような構造になっているかは興味深い研究対象である。水素で終端されていれば安定であるがそうでない場合は表面再構成が起こっているものと思われる。

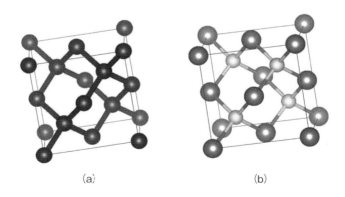

〔図3-1〕(a) ダイヤモンドと (b) 閃亜鉛鉱（ZnS）の結晶構造。

○第3章　ナノカーボンの構造、電子状態

　$sp^3$ 炭素四面体の連なり方が図 3-1 と異なる六方晶ダイヤモンド（ローンズデライト）（図 3-2）の存在も知られているが生成条件など不明なことが多い。ダイヤモンドは透明で、電気を流さない絶縁体である。これはダイヤモンドの電子構造と関係している。ダイヤモンドはバンドギャップ（間接バンドギャップ）が約 5.4 eV ある。可視光の中で最もエネルギーが大きい紫色の光でも 3.0 eV 程度しかなく、可視光の吸収は困難であるためダイヤモンドは透明である。また、同じ 14 族元素のシリコン、ゲルマニウムがそれぞれ 1.1 eV, 0.66 eV 程度のギャップで半導体に分類されるのに対し、ダイヤモンドは絶縁体として分類されるのが一般的である。

　一方、黒鉛は $sp^2$ 炭素の 6 員環ネットワークからなるシート、すなわちグラフェンを層状に連ねた構造である。グラフェンの積み重ねで黒鉛は構成されるが、積み重ねる層は図 3-4 のように交互にずれていることに注意が必要である。一般的には一層目を A、二層目を B と名付けると三層目は A に戻る、ABAB スタッキングと呼ばれる配置となる。この配置のときの単位格子は図 3-3（および図 3-4）に示した形となり、六方晶に分類され、この黒鉛を六方晶黒鉛ともいう。何も断りがなく単に黒鉛と書いている場合はこの六方晶黒鉛のことを指している。単位格子の底辺の菱形の 1 辺の長さを $a$ 軸長といい、2.46 Å ある。この長さか

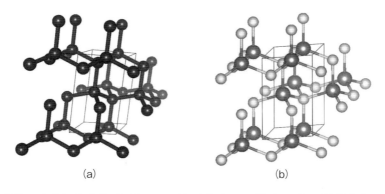

〔図 3-2〕(a) 六方晶ダイヤモンドと (b) ウルツ鋼（ZnS）の結晶構造。

らグラフェン内の炭素-炭素距離は1.42 Åと計算できる。一方、単位格子の高さは$c$軸長といい、6.70 Åである。この長さはグラフェンの層の積み重ねの層間距離の2倍であるから、層間距離は3.35 Åとわかる。

炭素の結合距離に比べて層間距離はかなり大きいため、六方晶黒鉛の電子構造は次節に示すグラフェンのそれとほぼ同じである。しかし、グラフェンはゼロギャップ半導体であるのに対し、黒鉛は層間の電子間の

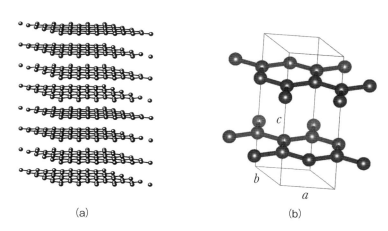

〔図3-3〕黒鉛の結晶構造の(a)全体像、と(b)単位格子周りの構造。

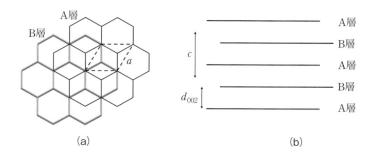

〔図3-4〕黒鉛の六角網面の積層の仕方。(a)面の上部から構造をみている。破線部分が単位格子の底面に相当する。(b) ABスタッキングについて、$c$軸長と面間隔($d_{002}$)の関係。

相互作用により価電子帯と伝導帯のわずかなクロスオーバーが生じ伝導帯に少し電子が入った半金属に分類される。

グラフェンの層の積み方がABABスタッキングとなる六方晶黒鉛に対し、3層目が1層目とも2層目とも異なるずれ方をする菱面体晶黒鉛というものも知られている。このときはABCスタッキングとなる。

また、多くの炭素材料が黒鉛と類似のグラフェンが積み重なった構造となっている。しかし、高温処理されていない低結晶性の炭素材料ではグラフェンの欠陥などにより図3-4や図3-5のようなきれいな積み重なりではなく、上下の層で六員環の向きが異なる乱層構造（ターボストラティック構造）となり、層間距離も3.35Åよりも長くなる。炭素材料の工学的分野では層のずれ方を定量化してどのくらい黒鉛に近い構造かを評価する指標（黒鉛化度）を定義するような試みもある。

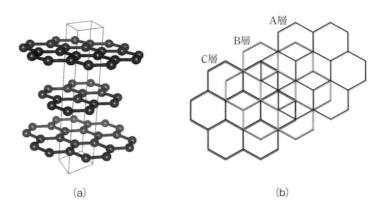

〔図3-5〕菱面体晶黒鉛の(a) 単位格子（六方晶でとっている）と(b) ABCスタッキング。

[1] 増田秀樹、長嶋雲兵、ベーシックマスター無機化学（オーム社）

## 3-2. グラフェンの構造、電子状態

　ガイムとノボセロフによる 2004 年のグラフェンの"再発見"は、スコッチテープを使って黒鉛からグラフェンを剥離することによって行われた。グラフェンと黒鉛は（剥離することで得られた関係だが）切っても切れない密接な関係である。

　すでにこれまでの章で、炭素 6 員環ネットワークが $\pi$ 共役系で安定であることを確認してきたが、グラフェンはその一つの極限であり化学的にきわめて安定ということになる（端部の炭素の状態はとても気になるが、今は仮想的に無限に広がったものをグラフェンととらえよう）。

　グラフェンの構造は前の節で解説した黒鉛の構造をもとに議論できる。つまり、炭素 - 炭素結合距離が 1.42 Å の六員環ネットワーク構造である。グラフェンは 2 次元であるが、結晶と同じように単位格子を考えることができる。黒鉛の単位格子の底辺のところをとってくればよいのであるがちょっとだけ注意が必要である。結晶学では六方晶の $a, b$ 軸は開き角が 120 度でとる。前の節でもそのようにとっていた。ところが、グラフェンの 2 次元結晶は多くの書物で別の取り方をしている。本書でも長いものに巻かれる精神で図 3-6 に示す開き角 60 度で単位格子をとる。また、先の $a, b$ 軸という書き方ではなく、これも多くの書物で取られる $a_1, a_2$ という書き方にする（図 3-6）。

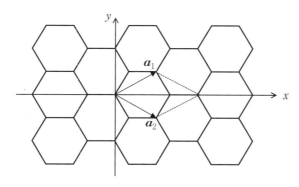

〔図 3-6〕グラフェンの単位格子ベクトル $a_1, a_2$ の取り方。

◯第3章 ナノカーボンの構造、電子状態

　電子構造を記述する際には逆格子ベクトルが重要になる。実空間での単位格子ベクトルに対して90度の向きに逆格子ベクトルがでていくことに注意すると逆格子ベクトルの開き角は120度になることがわかる。$a_1, a_2$の向きと、$b_1, b_2$の向きの関係は図3-7のようになっている（表3-1）。逆格子の原点と格子点を結ぶ線の垂直二等分線を引くと図3-7のような六角格子（ウィグナーザイツセル）が現れる（多くの書物では、この六角格子を逆格子と書いているように思う）。ちょうど、実空間の六角形を90度まわしたような関係になっている。影をつけたところが第一ブリルアンゾーンである。

　1章で確認したように炭素原子は6個の電子をもち、1sに2個、2sに

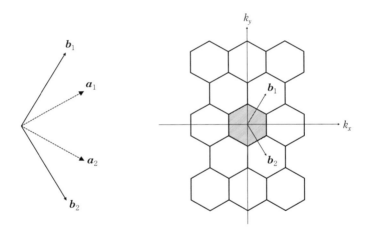

〔図3-7〕実格子ベクトルと逆格子ベクトルの関係（左）。逆格子グラフェンの単位格子ベクトル$b_1, b_2$の取り方（右）。

〔表3-1〕SWCNTの実格子・逆格子ベクトル。

| $x, y$座標（実格子） | $k_x, k_y$座標（逆格子） |
|---|---|
| $a_1 = (\frac{\sqrt{3}}{2}a, \frac{1}{2}a)$ | $b_1 = (\frac{2\sqrt{3}}{3a}, \frac{2\pi}{a})$ |
| $a_2 = (\frac{\sqrt{3}}{2}a, -\frac{1}{2}a)$ | $b_2 = (\frac{2\sqrt{3}}{3a}, -\frac{2\pi}{a})$ |

$a$は単位格子長さ$=|a_1|$

2個、2pに2個の電子配置となる。$sp^2$混成軌道をつくると$2p$電子が1つあまり、これがπ軌道を構成すること、多くの場合π軌道はσ軌道より高いエネルギーを持つことをみてきた。すなわち、多くの炭素関連分子ではHOMOに関わる分子軌道はπ軌道、LUMOに関わるのは$π^*$軌道となる。グラフェンでも事情は同様で、このπおよび$π^*$軌道を解くことで価電子帯、伝導帯に関する情報が得られる。

実際に計算を行うとエネルギー固有値$E(k)$は次のように書ける。

$$E(k) \propto \pm \sqrt{1 + 4\cos^2\frac{k_y a}{2} + 4\cos\frac{k_y a}{2}\cos\frac{\sqrt{3}k_y a}{2}}$$

この式の右側の部分を第一ブリルアンゾーンの対称性の高いΓ、K、M点で展開すると図3-9 (a) のようになる。重要なことはK点でπと$π^*$軌道が接していることである。つまり、グラフェンがバンドギャップのない半導体であることを示している。図3-9 (a) はπと$π^*$軌道について波数ベクトル***k***の空間（逆格子空間、運動量空間）を2次元的に切り開いたものであるが、K点近傍で3次元的に2つの軌道を描くと2つの

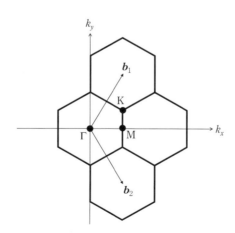

〔図3-8〕逆空間で対称性の高い、Γ = (0, 0), M = ($2π/\sqrt{3}a$, 0), K = ($2π/\sqrt{3}a$, $2π/3a$) 点の位置。

円錐が頂点で接したような形になることが知られている（図 3-9 (b)）。この円錐をディラクコーンという。このような形になることは大変に珍しいことであり、コーンの交点の電子は質量のないディラク粒子のように取り扱われ、有効質量ゼロの状態とされる [2]。この図 3-9 (b) を 2 次元的に表記したものが図 3-9 (c) である。この図 3-9 (c) は 4 章で議論する共鳴ラマン散乱の説明などグラフェンの特異性を議論する際によく利用される。

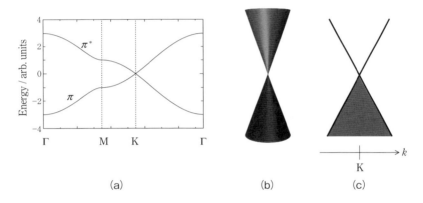

〔図 3-9〕(a) グラフェンの $\pi$, $\pi^*$ 軌道のエネルギー。(b) K 点周りの $\pi$, $\pi^*$ 軌道のエネルギー（ディラクコーン）。(c) ディラクコーンを 2 次元的に表記したもの。

[2] 齋藤理一郎, フラーレン・ナノチューブ・グラフェンの科学, （共立出版）

## ３－３．単層カーボンナノチューブの構造

単層カーボンナノチューブ（Single-walled carbon nanotube: SWCNT）はグラフェンを丸めた構造と表現される。しかし、グラフェンシートをどのように切り取って丸めるかで少しずつチューブ軸に対する炭素六員環の並び方が異なる。チューブの端の構造に着目すると図3-10 (a) のように肘掛け椅子のような端構造のアームチェア型、とんがり屋根が並んだようなジグザグ型（図3-10 (b)）、そのどちらでもないもの（図3-10 (c)）のように分けられる。また、同じアームチェア型でも直径の大小の自由度もある。つまり、一口にSWCNTといってもその構造は千差万別だということである。

このバラエティに富んだSWCNTをひとつひとつ明確に区別する指標がカイラル指数 $(n, m)$ である。$(5, 5)$ チューブとか $(10, 0)$ チューブのような言い方をし、カイラル指数によりチューブ端構造や直径の大小を見極めることができる。具体的には $(5, 5)$ のように $n$ と $m$ が同じときはアームチェア、$(10, 0)$ のように $n$ か $m$ のどちらかがゼロのときはジグザグ型になる。また、次の節でみるようにカイラル指数によりSWCNTの電子状態が決まり、$n-m$ が3の倍数かどうかでSWCNTは金属になったり、

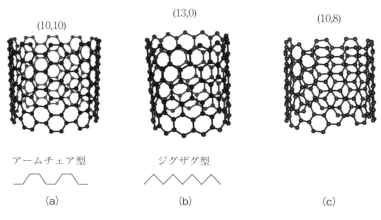

〔図3-10〕さまざまなタイプの単層カーボンナノチューブ。

半導体になったりする。どのようにこのカイラル指数が定義されるかをみていこう。

グラフェンシートを長方形に切り取り、丸めるとSWCNTができる。ただし、丸めた時にうまく六員環がつながらなければならない。このためには長方形の角を炭素原子の位置にするのが簡単である。長方形を丸めた時に円周になる方の辺に注目する。この辺の両端を結ぶベクトル（カイラルベクトル）$\overline{OA}$はグラフェンの単位格子ベクトル$\boldsymbol{a}_1, \boldsymbol{a}_2$を使ってつぎのように表すことができる。

$$\overline{OA} = n\boldsymbol{a}_1 + m\boldsymbol{a}_2$$

そう、この$n, m$こそがカイラル指数である。この図3-11を眺めれば、カイラル指数によりチューブ端構造や直径の大小が決まることはすぐに理解できる。

一方、さきほどグラフェンシートから切り取った円周では無い方の辺は何だろうか。丸めてみるまでもなく、チューブの軸方向の長さに対応する。したがって、いくらでも長くして構わない。しかし、ある長さを

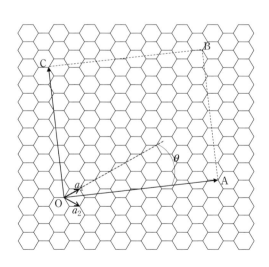

〔図3-11〕長方形OABCを丸めるとSWCNTができる。図は(6,4)チューブを示す。

とってくるとあとはそれを軸方向にずらして並べるだけでうまく六員環が並ぶ。ちょうど結晶に対する単位格子のような関係をチューブの軸方向にとることができる（図3-11）。このチューブの単位格子の軸方向の高さを決めるのが、さきほどの長方形のもう一つの辺（OC）の役割である。この $\overline{OC}$ ベクトル（格子ベクトルあるいは並進ベクトルという）の長さもカイラル指数により一意的に決められる（表3-1）。カイラル指数によりずいぶんとこの長さが異なることは図を見ると理解できる。少し複雑になるが次の節のためにSWCNTの逆格子ベクトル $\overline{K_1}, \overline{K_2}$ も表3-2に示しておく。

　グラフェンがファンデルワールス力で積層して黒鉛が生成するように、SWCNTもファンデルワールス力により凝集体をつくる。図3-12に示した凝集体のことをSWCNTバンドルという。ある程度直径がそろっている場合は、図3-12のようなきれいな三角格子を形成し、この格子を反

〔表3-2〕SWCNT展開図の単位格子ベクトルと逆格子ベクトル。

| SWCNT展開図の<br>単位格子ベクトル | $\overline{OA} = n\boldsymbol{a}_1 + m\boldsymbol{a}_2$<br>$\overline{OC} = t_1\boldsymbol{a}_1 + t_2\boldsymbol{a}_2$ | $t_1 = \dfrac{2m+n}{l}, t_2 = \dfrac{2n+m}{l}$<br>$l$は$2m+n, 2n+m$の最大公約数 |
|---|---|---|
| 逆格子ベクトル<br>$\overline{OA} \cdot \overline{K_1} = 2\pi, \overline{OA} \cdot \overline{K_2} = 0$<br>$\overline{OC} \cdot \overline{K_2} = 2\pi, \overline{OC} \cdot \overline{K_1} = 0$ | $\overline{K_1} = \dfrac{1}{N}(t_1\boldsymbol{b}_2 - t_2\boldsymbol{b}_1)$<br>$\overline{K_2} = \dfrac{1}{N}(m\boldsymbol{b}_1 - n\boldsymbol{b}_2)$ | $N = \dfrac{2(m^2+n^2+nm)}{l}$ |

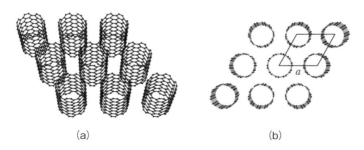

(a) 　　　　　　　　　　(b)

〔図3-12〕(a) SWCNTバンドルの模式図と (b) 二次元単位格子の取り方。
　　　　いずれの図も実際よりもチューブ間距離を大きく取っている。

映したX線回折図形が得られる。この回折図形を解析するとチューブ中心間距離、チューブ間隔などの情報を得ることができる（詳細は4章を参照）。チューブ間の一番近い隙間（ファンデルワールス距離 $d_V$）は黒鉛の層間距離 3.35 Å より少し小さい値となることが多い。

　黒鉛の層間にさまざまな分子を取り込めるように、バンドルの三角格子の隙間にはさまざまな分子が取り込まれる。$d_V$ を 3.0 Å として三角格子の隙間の直径を SWCNT の直径の関数として表したのが図 3-13 である。図 3-13 から、チューブ径が大きくなると小さな分子であれば十分に取り込めることが理解できる。

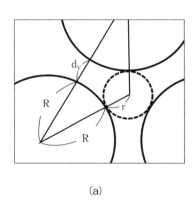
(a)

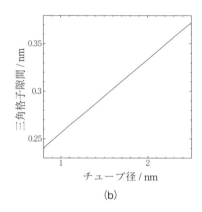
(b)

〔図3-13〕SWCNTバンドルの模式図とチューブ径 $R$ と三角格子の隙間 $r$ の関係。

## 3-4. 単層カーボンナノチューブの電子状態

前の節でSWCNTがカイラル指数により金属、半導体にわかれることを述べた。具体的に両者の電子構造はどのように異なるのかを状態密度（DOS）の図でみてみよう。図3-14に示したのはおおよその直径が等しい(10, 10)と(11, 9)のチューブである。前の節で説明したように$n-m$が3の倍数である(10, 10)は金属、そうでない(11, 9)は半導体であることがDOSをみてもわかる。半導体である(11, 9)は価電子帯と伝導帯の間に状態のないギャップがあるのに対し、(10, 10)はフェルミレベル（図3-14のエネルギーゼロのところ）付近にもわずかではあるが状態が存在し金属状態であることが確認できる。

DOSからはほかにもさまざまなことが読み取れる。まず目を引くのは魚の骨のような異様な形である。骨のように見えるのは、特定のエネルギーのところで状態数が大きくなり図3-14では垂直に伸びた線のようになっているからである。このように特定のエネルギーのところで状態数が発散的に大きくなることをファンホーブ特異性（VHS）という。このVHSがみられるエネルギーのことをフェルミレベルから近い順に番号をつけて第一ファンホーブ特異点のようにいう。また、占有軌道、非占有軌道のそれぞれの第一ファンホーブ特異点間のエネルギーギャッ

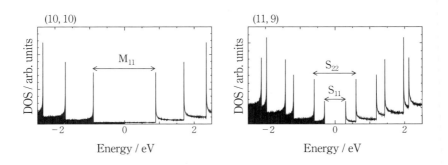

〔図3-14〕(10, 10)チューブと(11, 9)チューブの電子状態密度。金属チューブがフェルミ付近で状態を持つことを強調するため(10, 10)チューブのDOSを少しかさ上げしている。

プを金属 SWCNT の場合は $M_{11}$、半導体 SWCNT の場合は $S_{11}$ のようにラベルすることが多い（図 3-14）。SWCNT ではこのギャップ間での電子の遷移が分光実験などで重要である。この特異点間で波数 $k$ が同じで光吸収・放出が起こりやすいためである。一般にエネルギーギャップというと価電子帯のトップと伝導帯の底の間のギャップのことを指すのであるが、SWCNT では $M_{11}, S_{11}, S_{22}$ のようなギャップの方がより重要であることが多いので注意が必要である。

さて、すでにお気づきかもしれないが、図 3-14 に示すように同じくらいの直径であっても $M_{11}$ は $S_{11}$ よりもずっと大きい。金属 SWCNT のギャップの方が同じくらいの直径の半導体 SWCNT のギャップより大きいということである。また、直径が大きくなるとギャップは小さくなる。片浦弘道は $M_{11}, S_{11}, S_{22}$ のギャップエネルギーを SWCNT の直径の関数としてグラフ化した [3]。分光実験結果を理解するうえでこのグラフは大変に便利であり、一般に片浦プロットと呼ばれている（図 3-15）。

さて、すでに何度か述べているようにカイラル指数の $n$ と $m$ の差が 3 の倍数となると SWCNT が金属となる。このことを確認しよう。まず、3-2 節でみたようにグラフェンの $\pi$ と $\pi^*$ 軌道は K 点においてギャップ

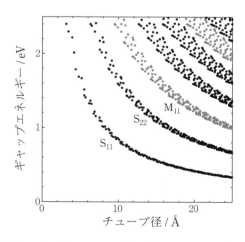

〔図 3-15〕単層カーボンナノチューブの直径とギャップエネルギーの関係（片浦プロット）。

ゼロとなる。次に、SWCNTの逆格子ベクトル（前節の表3-1）とブリルアンゾーンを考える。SWCNTは円周方向の周期境界条件により円周方向の端数が量子化される。つまり、飛び飛びになる。一方、軸方向の長さは3-3節でみた単位格子高さにくらべて十分に長いので連続的とみなすことができる。これを逆空間に描きこむと図3-16のような複数の線（カッティングラインと呼ばれる）になる。この線がグラフェンの第一ブリルアンゾーンのK点を踏めばSWCNTは金属になるというしかけである。カッティングラインがK点を踏むかどうかは図3-16のYK間の長さが $\overline{K_1}$ の長さの整数倍であればよい。YKの長さは図3-16から $\Gamma K\cos\theta$ と書けるが、この $\theta$ は実空間の $a_1$ とカイラルベクトル $\overline{OA}$ のなす角と同じなので簡単に下記を導ける。

$$\overline{YK} = \overline{\Gamma K}\cos = \overline{\Gamma K}\frac{|OA|\cdot \boldsymbol{a}_1}{|\overline{OA}||\boldsymbol{a}_1|} = \frac{2n+m}{3}|\overline{K_1}|$$

この $|\overline{K_1}|$ の係数が整数になる条件（$2n+m$ が3の倍数）こそがSWCNTが金属になる条件である。この条件は $n-m$ が3の倍数と同じである。

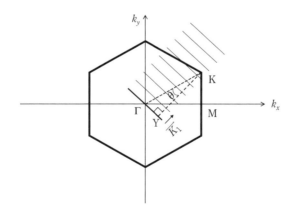

〔図3-16〕グラフェンのブリルアンゾーンとSWCNTのカッティングライン。

[3] H. Kataura, et al., Synthetic Metals, 103, 2555-2558,（1999）.

## 3−5. $C_{60}$ 分子・結晶の構造、電子状態

すでに何度も $C_{60}$ が非常に高い対称性を有すること、$C_{60}$ を構成する炭素原子がすべて等価な配置になっていることなどを述べてきたが、あらためて構造を詳細に見ていこう。$C_{60}$ は切頭 20 面体の $I_h$ 対称性を有している。20 の六員環と 12 の五員環をもち、辺の数は 90、頂点の数はもちろん 60 である。$C_{60}$ に限らずフラーレンのような閉じた多面体においては、面、辺、頂点の数の間にはオイラーの多面体公式というものが成り立つ。12 の五員環というのは $C_{70}$ などの高次のフラーレンにも共通して要求される。90 の辺には六員環と六員環の間の辺 $l_{66}$ と、五員環と六員環の間の辺 $l_{56}$ とがある（図 3-17）。すでに 1-4 節でみたように $l_{56}$ をつくる 2 つの炭素原子間の結合解離エネルギーは $l_{66}$ のそれより小さく結合が弱い。これを反映して、$l_{56}$ の長さは 1.43 Å で $l_{66}$ の 1.39 Å より長い。これは五員環が入ることによりエネルギー的に不安定化していることを示している。$C_{60}$ に限らず中空のフラーレンにおいては五員環はかならず六員環に囲まれていて、五員環と五員環が接することはない。これを IPR 規則という。この IPR 規則を破るフラーレンとしてスカンジウムのダイマーを内包した $Sc_2@C_{60}$ などが知られている [4]。

$C_{60}$ を球に近似する（炭素原子を仮想的な球面上にあると考える）と直

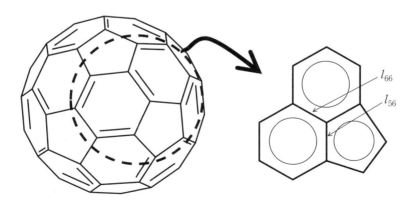

〔図 3-17〕$C_{60}$ の分子構造とそこに含まれる 2 つの炭素 - 炭素結合（$l_{56}$ と $l_{66}$）。

径は 0.71 nm であり、ファンデルワールス半径を考慮するとちょうど 1 nm 程度の球と考えることができる (図 3-18)。

室温で $C_{60}$ は分子結晶となる。面心立方格子の格子点に $C_{60}$ の重心が置かれた配置となる。$C_{60}$ 分子の対称性 $I_h$ は、どのような向きに分子を置いても厳密な意味で面心立方の対称性を満足しない。しかし、室温では $C_{60}$ は高速で回転しているため、$C_{60}$ 分子を 60 個の炭素原子と考えるのではなく、一つの球としてとらえることができ、X 線的にも面心立方格子 (空間群 $Fm\bar{3}m$) となる。このときの格子定数は約 1.42 nm である。剛体球のパッキングモデルで考えると格子定数の $\sqrt{2}/2$ が球の直径である。計算すると約 1.0 nm となり、さきに示したファンデルワールス半径を考慮した $C_{60}$ 分子の大きさと一致する。温度を下げ 260 K を下回ると分子回転が抑えられ、$Fm\bar{3}m$ の対称性を満足できなくなり、単純立方格子 ($Pa\bar{3}$) になることが知られている。

$C_{60}$ が 20 の六員環と 12 の五員環を持つことはすでに何度も述べてきたし、六員環ネットワークが $sp^2$ 炭素により構築されることもみてきた。五員環が加わるとどのような変化が電子構造にもたらされるだろうか。非常に簡単な考察は正五角形の内角を考えることである。正五角形の内

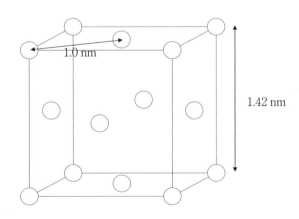

〔図 3-18〕面心立方 $C_{60}$ 結晶の格子定数と $C_{60}$ 結分子の中心間距離 (対角線の長さの半分)。

角は108°であり、これは$sp^3$炭素で想定される109.5°に近い。したがって、$C_{60}$の電子構造は$sp^2$と$sp^3$の中間的な要素を持っていることが予測される。実際、ロバート・ハドンらの解析によれば$C_{60}$の混成軌道は$sp^{2.278}$とのことである[5]。

$C_{60}$分子について分子軌道計算を行うと図3-19のような結果が得られる。すなわち、HOMO は5重に縮退しており、LUMO と LUMO+1 はいずれも3重に縮退していることがわかる。HOMO, LUMO のエネルギーについては光電子分光などにより孤立分子で−7.6, −2.65 eV、分子結晶において−6.2, −3.6 eV と見積もられている[6]。

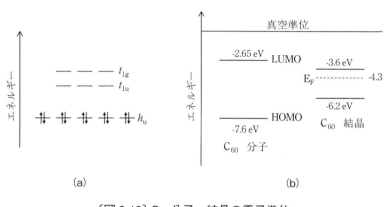

〔図3-19〕$C_{60}$ 分子・結晶の電子準位。

[4] C. Wang, et al., Nature, 408, 426-427, (2000).
[5] R. C. Haddon, Phil. Trans. R. Soc. Lond., 343, 53-62, (1993).
[6] R. Mitsumoto, et al., J. Phys. Chem., 102, 552-560, (1998).

## ３－６．実用炭素材料の構造

　第３章ではここまで原子の配列が明確にわかっている炭素材料についてその構造や電子状態について議論してきた。しかし、実用材料の中には原子配列を明確に規定できないものが多い。そうした、実用炭素材料の構造についてどのようなことが議論されているかをみていこう [7]。

　活性炭の活性という言葉はかなり多くの人を誤解させているのではないかと思う。化学の分野で活性と言えば、物質を構成する分子あるいは原子が高エネルギー状態で化学反応などが起こりやすい状態をさすのが一般的である。反応できる状態になるまでのエネルギーを活性化エネルギーと言うし、通常の酸素より反応性の高い酸素を活性酸素と言う。しかしながら、活性炭の「活性」にはそのような意味はない。炭素材料に何らかの処理を行って比表面積を大きくしたものを活性炭という。具体的には水蒸気や二酸化炭素などのガス、あるいは塩化亜鉛やリン酸などの薬品により、炭素材料に細孔を導入することにより比表面積を大きくする。こうした細孔を導入する処理のことを賦活処理といい、ガス賦活と薬品賦活に大別される。一般に炭素化処理ののちに賦活処理が行われる。つまり、高温での黒鉛化は行われないのが一般的であり、炭素の六員環網面はあまり発達していない。さらに、賦活処理により細孔が導入されるので炭素以外の元素や、官能基が多く残っている。図 3-20 のようなイメージの構造を持っていると考えられる。

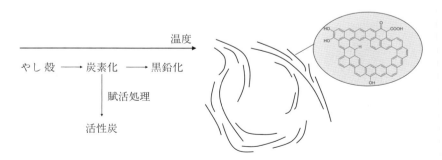

〔図 3-20〕活性炭の製造過程の一例とイメージ図。

活性炭とならんで市場規模の大きい炭素材料にカーボンブラックがある。カーボンブラックはいうなれば「すす」なのであるが、タイヤをつくる際にゴムに加えて機械強度を高めたり、導電性の乏しい電池電極材料に混ぜて導電パスを付与したり、コピーのトナーに使われたりと用途は多岐にわたる。この用途に応じて多種多様なカーボンブラックがつくられており、原料や製法によりさまざまな呼び名がついている。おおまかな構造のイメージは10〜100 nm程度の一次粒子が100〜1000粒子程度集まって二次粒子を形成すると考えればよい（図3-21）。一次粒子は黒鉛化があまり進んでいない不定形炭素のものが多いが、高温処理して黒鉛化度をあげたものも存在する。電池の導電助剤に利用されるケッチェンブラックは非常に比表面積が高く、粒子径が小さく、導電性に富み、二次粒子の構造（ストラクチャー）が直線的に発達している。高級顔料に利用されるチャネルブラックは粒子が微細で粒度分布も小さい。サーマルブラックは工業的に製造されるカーボンブラックの中では最大の平均粒子径をもつ。

　カーボンファイバーは近年ポリマーに添加して機械的強度を高めた材料（CFRP）が航空機などに利用され市場が急拡大している。工業的に製造されているカーボンファイバーの原料はポリアクリロニトリル（PAN）か石炭・石油ピッチ（石炭や石油の精製時に得られる液状タールなどを熱処理して重合したものの総称）がほとんどである。PAN系炭素

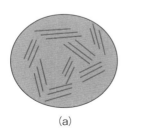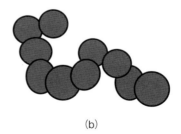

〔図3-21〕カーボンブラックの(a)一次粒子と(b)二次粒子（ストラクチャ）のイメージ図。

繊維、ピッチ系炭素繊維というような言い方がされ、一般にピッチ系はPAN系よりも高い配向度をもち黒鉛化性も高い。

多層カーボンナノチューブ（MWCNT）は比較的安価に購入できるため、新しい材料として研究や試験に取り入れようと考える方は少なくない。しかし、市場に出回っているMWCNTの多くは比較的低温でCVD合成されたものが多いことに注意してほしい。すなわち、チューブを構成する六員環網面のクオリティは一般にかなり低い。MWCNTと聞けば、SWCNTが入れ子状になった図3-22のような構造だと思うかもしれない。しかし、入手できるMWCNTのほとんどはそのような構造とは程遠く、非晶質炭素でファイバー状になったものが多いことに注意されたい。

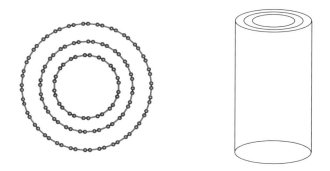

〔図3-22〕多層カーボンナノチューブ（MWCNT）のイメージ図。市販されているMWCNTはこのようなイメージ通りのものはほとんどなく、グラフェン面の結晶性が低く欠陥が多い構造のものであることが多い。

[7] 炭素材料学会編、新・炭素材料入門（リアライズ社）、(1996年).

# 第4章

## ナノカーボンの物理と化学

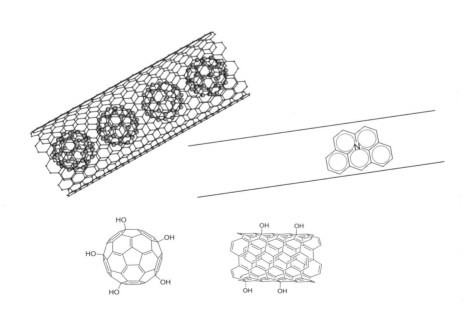

## 4-1. 単層カーボンナノチューブの精製処理

これまでに述べてきたように一口に単層カーボンナノチューブ（SWCNT）といっても合成法により結晶性やチューブ径の分布、非晶質炭素などの不純物の割合は大きく異なる（図4-1）。また、同じ合成法であっても得られたチューブ径によって化学反応特性は大きく異なる。したがって、すべてのSWCNT試料に共通の精製処理方法というものはない。精製処理するSWCNTの化学反応特性を十分に理解したうえで、かつ各処理ステップごとに試料の様子を確認して進めなければならない。

SWCNT試料には不純物として触媒金属、非晶質炭素が多くの場合含まれる。触媒金属量は酸化雰囲気でTG測定して炭素成分を除去した後の重量から求められる。SWCNTは欠陥が少なければ酸には強いので酸処理すれば触媒金属除去ができそうに思えるが単純な酸処理ではあまり除去できない。触媒金属が非晶質炭素で覆われており、酸処理から金属が保護されるためである。2-6節で触媒金属に溶け込んだ炭素原子がSWCNTに成長することをみたが、非晶質炭素で金属が覆われてしまうとSWCNTの成長は止まる。こうした過程で非晶質炭素に覆われた触媒金属が残る。まず、この金属上の炭素を除去しなければならない。幸い、こうした非晶質炭素とSWCNTとでは化学反応特性がかなり違う。具体的には酸化されて燃えだす温度が両者で100℃～200℃異なる。このことを利用して、比較的低温で酸素ガスで酸化するか、条件をうまく設定して過酸化水素処理するなどして触媒上の非晶質炭素の除去を行う。ただし、SWCNTの結晶性の違い（合成法の違い）によりSWCNTの燃えだ

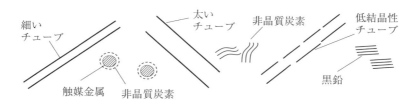

〔図4-1〕SWCNT精製処理にあたって注意しなければならない要素。

し温度も相当異なるので注意が必要である（図 4-2 (a)、(b)）。この後、塩酸などの酸処理によりある程度金属触媒を除去できる。

　しかし、一般にこの一連の処理で触媒金属を完全に取り除くことは困難で、そのことは処理後の TG 測定を行うことで確認できる。また、一連の処理で SWCNT にもダメージを与えてしまう。SWCNT の結晶性の回復には高真空下での高温処理が有効な場合が多い。レーザー蒸発法で合成された結晶性の高い SWCNT であれば高真空下で 1200 ℃以上の高温でもアニーリング処理が可能である。この場合、条件をうまく設定すると、SWCNT の結晶性の回復と同時に、触媒金属のほぼ完全な除去ができる場合がある（図 4-2 (c)）。しかし、SWCNT の結晶性や直径によっては高温処理で融合などを起こす場合もあるので注意が必要である。

　アーク放電法やレーザー蒸発法のように炭素原子がガス化するほどの高温を経る合成方法の場合には黒鉛が不純物として混入する場合もある。一般に、こうした黒鉛の除去は難しい。一方、スーパーグロース法で合成し、SWCNT 部分のみを刈り取ったような試料ではもともと不純物金属の量はきわめて少ないため精製処理が不要ということもある。

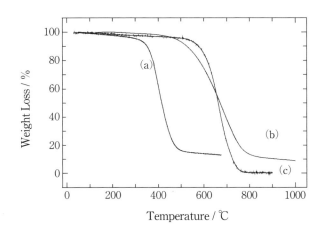

〔図 4-2〕(a) CVD、(b) アーク放電法で合成された SWCNT、および (c) (b) を精製処理した試料の TG 曲線。

## 4−2. 酸化黒鉛（グラフェンの化学はくり）

　酸化黒鉛は黒鉛を酸化してキノンや水酸基のような酸素官能基を導入したものである。黒鉛の中ではグラフェンはファンデルワールス力により強く凝集しているが、酸化黒鉛になると官能基導入で層間距離が大きくなり凝集力が弱まるだけでなく、親水性官能基が付与されることにより水への分散性が高まる。また、この酸化黒鉛の官能基をうまく除去できれば大量にグラフェンを得ることができる。近年、グラフェンの大量化学的合成法として酸化黒鉛の還元処理が注目されている。

　黒鉛を構成するグラフェンは $\pi$ 共役系が大きく広がった化学的にはきわめて安定なものである。このグラフェンに共有結合を導入しようというのであるから、きわめて強い酸化処理が必要である。この酸化処理方法には電気化学的手法と化学的手法とが知られている。

　電気化学的手法では硝酸や硫酸を電解液として用い、黒鉛を陽極電極として電解する。条件をうまく設定すると、例えば硫酸の場合には $HSO_4^-$ イオンや $H_2SO_4$ 分子が黒鉛層間にインターカレーションされた後、グラフェンの酸化が起こる。しかし、このとき酸素ガスの生成で黒鉛の剥離が起こることもあり、条件設定が難しい。

　一方、化学的な酸化法としてはブロディー法、スタウデンマイヤー法、ハマーズ法などが知られており、また、その改良手法も多く報告されている [1]。いずれの手法においても強力な酸化剤を用いて黒鉛を酸化した後、加水分解することで酸化黒鉛を得ている。ブロディー法は濃硝酸

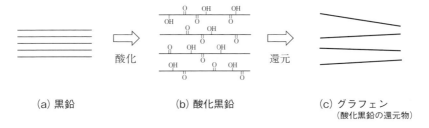

(a) 黒鉛　　　　　　(b) 酸化黒鉛　　　　　　(c) グラフェン
　　　　　　　　　　　　　　　　　　　　　　　　（酸化黒鉛の還元物）

〔図4-3〕化学はくりによるグラフェンを得る過程の模式図。

（発煙硝酸）中で塩素酸カリウムを酸化剤として用いて黒鉛を酸化する。スタウデンマイヤー法も同じ酸化剤を用いるが硝酸と硫酸の混酸中で酸化する。一方、ハマーズ法は硫酸中で過マンガン酸カリウムで酸化を行う。手法により、グラフェンへの官能基の付き方や欠陥の入り方が異なるため目的に応じて合成法を選ばなければならない。

　酸化黒鉛の還元方法も多数の方法が報告されている。1000℃程度で短時間酸化黒鉛を処理すると官能基の脱離が起き、同時にグラフェン層の剥離が起こる（図4-4）。また、ヒドラジンなどの還元剤を用いる化学的還元方法も多数報告されている。

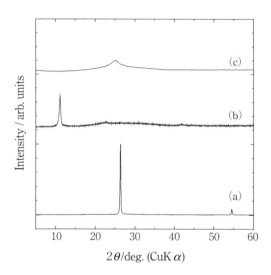

〔図4-4〕(a) 黒鉛、(b) 酸化黒鉛、(c) (b) を加熱還元した試料のX線回折図形。(b) では層間距離が約8Åまで増加しているが、(c) の還元処理でピークは消失し官能基が除去されたことがわかる。(c) のブロードなピークは数層のグラフェンの積層構造に対応する。

[1] 松尾吉晃, 炭素, 228, 209-214, (2007).

## 4-3. ナノカーボンの可溶化

さきの節で酸化黒鉛はグラフェンに水酸基が入ることで水への分散性が高まると述べた。同じようにナノカーボンに親水性の官能基を入れることでフラーレンやナノチューブを水に溶かすことができるようになる。ナノカーボンの化学反応を進めるうえで、溶媒に分散できるかできないかは大きな違いであり、さまざまな取り組みが行われきた。

$C_{60}$ や $C_{70}$ はトルエンなどの有機溶媒に容易に溶けるので、比較的早くからさまざまな誘導体の合成が行われてきた。1994 年にロン・チャンは硫酸基などの官能基を有する $C_{60}$ 誘導体をもとに $C_{60}(OH)_{12}$ を合成したが、これは中性の水にあまり溶けない [2]。小久保研は水酸基量を大幅に高めた $C_{60}(OH)_x$ $(x>40)$ を合成した [3]。この $C_{60}(OH)_x$ は pH が 7 の水に対して 64.9 mg/mL まで溶けることが報告されている。

単層カーボンナノチューブに対してもフラーレンで開発された化学修飾が適用でき、SWCNT 側壁に親水性官能基を導入することで可溶化できる。しかし、官能基付与は多くの場合、強酸処理などで末端および側面へのカルボン酸導入が必要となる。こうした共有結合導入による化学修飾はチューブ切断などの SWCNT 結晶性低下のみならず SWCNT 本来の性質が失われることがあることに注意したい。

化学修飾による SWCNT 可溶化には上記したような問題点がある。SWCNT の特性を残したまま可溶化するために界面活性剤など可溶化剤を用いた溶媒への分散が行われる。界面活性剤は水中の濃度が高くなる

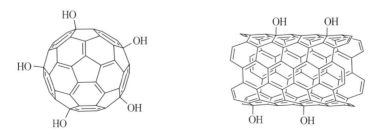

〔図4-5〕水溶性フラーレン・ナノチューブのイメージ図。

と自らの疎水基を内側にまとめて親水基が外側、すなわち水と接するような集合体（ミセル）を形成する。SWCNT 側面は疎水性であり、ミセルの中心に取り込まれる形で界面活性剤による可溶化が行われる（図 4-6）。界面活性剤としてはドデシル硫酸ナトリウム（SDS）、コール酸ナトリウムなどが良く利用される（図 4-7）。多環芳香族化合物や DNA を可溶化剤として利用することも報告されている。

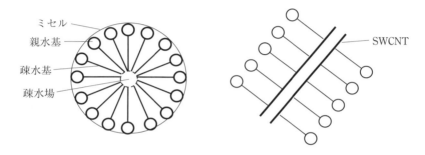

〔図 4-6〕界面活性剤ミセルも模式図（左）と界面活性剤で可溶化された SWCNT の模式図（右）。

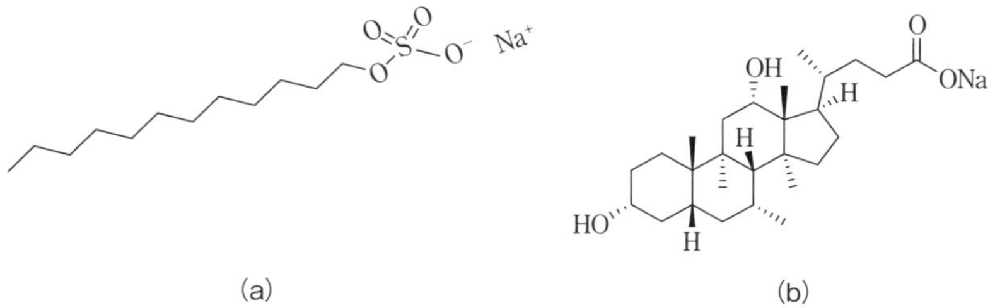

〔図 4-7〕(a) SDS、(b) コール酸ナトリウム。

[2] L. Y. Chiang, et al., J. Org. Chem., 59, 3960-3968, (1994).
[3] K. Kokubo, et al., ACS Nano, 2, 327-333, (2008).

## 4－4．SWCNTの表面化学反応

　グラフェンが$sp^2$炭素のネットワークが平面的に広がった理想的な$\pi$共役系できわめて化学的に安定であることはすでに何度も述べた。SWCNTはこのグラフェンを丸めた構造であるので曲率が入った分だけネットワークが不完全になり化学的に活性になる。同じ理屈で、一般に直径が小さいSWCNTほど曲率が大きくなり活性が高くなる。とはいえ、広大な$\pi$共役系であることには変わりはなく、SWCNTの表面化学修飾は容易ではない。SWCNTの表面で化学反応を起こすには何らかの強い働きかけが必要になる。前の節で、強酸処理によりSWCNT末端あるいは側面にカルボン酸を導入することで、フラーレンで開発された化学修飾の多くをSWCNTでも行えることを述べた。ここではSWCNT特有の化学反応の特徴をみていこう。

　マイケル・ストラーノはジアゾニウム塩をSWCNTと反応させると金属チューブだけが選択的に反応するという興味深い結果をサイエンス誌に報告した（図4-8）[4]。ジアゾニウム化合物が持つジアゾニオ基は非常に強い電子吸引性を持つ。このジアゾニオ基がSWCNTから電子を奪って$N_2$を発生するとともに表面にC-C共有結合が導入される。金属チューブはフェルミ準位付近にエネルギーの高い電子をもつ。この電子がジアゾニウム塩との反応に利用されるために選択性があらわれるのである。もちろん、この選択性はジアゾニウム塩との反応に限ったことではないが、ストラーノがうまく反応を制御して半導体・金属の分離につなげた。

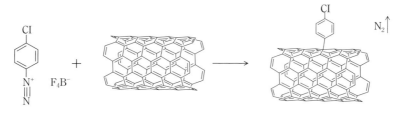

〔図4-8〕ジアゾニウムカップリングを利用したSWCNT表面化学修飾。

## 第4章 ナノカーボンの物理と化学

　フッ素はその強い電気陰性度によりグラフェンと直接共有結合をつくることができる特異な元素である。黒鉛とフッ素の反応は生成物がリチウム電池（リチウムイオン電池ではなく金属リチウムを使用する一次電池）の正極材料として実用利用されるなど工業的重要性もあり、詳細な研究が行われている。フラーレンのフッ化物もよく研究されており、$C_{60}F_{36}$ や $C_{60}F_{48}$ のように単結晶構造解析されているものもある（図4-9）[5]。ナノチューブとの反応も比較的早い段階から行われている。1990年代後半から良質なSWCNTが合成されるようになるとフッ素との反応特性の詳細も徐々に明らかになってきた。容易に予測できるようにSWCNTのフッ素との反応性は $C_{60}$ よりは反応しにくいが、黒鉛よりは低温で反応する[6]。また、ジアゾニウム塩と同様の理由で小さい直径の金属チューブが優先的にフッ素化される。

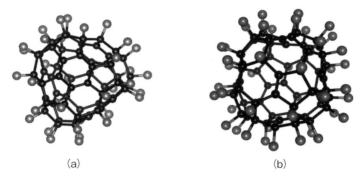

〔図4-9〕(a) $C_{60}F_{36}$、(b) $C_{60}F_{48}$ の分子構造。

[4] M. S. Strano, et al., Science, 301, 1519-1522, (2003).
[5] S. Kawasaki, et al., J. Phys. Chem. B, 103, 1223-1225 (1999).
[6] S. Kawasaki, et al., Phys. Chem. Chem. Phys., 6, 1769-1772 (2004).

## 4－5．金属・半導体 SWCNT の分離

　SWCNT はカイラリティにより金属・半導体になるというほかに例をみないユニークな電子構造をもつ（図 4-10）。金属と半導体どちらが望まれるかというのは用途によるが、どちらかのみが必要だというケースは多い。したがって、金属・半導体 SWCNT の選択合成が期待されているが道のりは大変厳しい。これに対して、近年急速に進展したのが金属・半導体 SWCNT の分離である。

　前の節でみたように、金属と半導体では化学反応性が異なることを利用して分離を行うことが行われた。前節で記した、ジアゾニウム塩やフッ素との反応では金属チューブが優先的に反応したが、過酸化水素処理により半導体チューブの選択除去が可能であることが報告されている。処理できるチューブの本数はぐっと減るが、2 つの金属電極にチューブを橋掛けして通電して金属チューブを焼き切るという手法もある。こうした方法は金属・半導体どちらかの除去であるが、分離する方法もある。

　分離手法としては超遠心装置を利用した密度勾配遠心法やゲルカラムを利用したクロマトグラフィーが知られている。

　遠心法により SWCNT 凝集体（バンドル）から孤立チューブの分離が可能であることをしめしたのはミカエル・オコネルである。ドデシル硫酸ナトリウム（SDS）を界面活性剤として HiPco 法で作られた SWCNT を分散した。孤立チューブに SDS がついたものの密度は約 1 g/cm$^3$、7 本

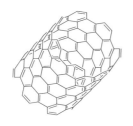
(7, 7) 金属チューブ

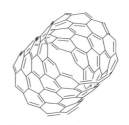
(11, 0) 半導体チューブ

〔図 4-10〕金属型・半導体型 SWCNT の構造。

のチューブのバンドルは約 1.2 g/cm$^3$ とされ、密度 1.1 g/cm$^3$ の重水で遠心力 120,000 G で遠心すると孤立チューブが上澄みとしてとれるとのことである（図 4-11）[7]。

　ミシェル・アーノルドはこの密度勾配超遠心法をさらに進めて、金属・半導体チューブを分離することに成功した [8]。アーノルドの方法は金属と半導体でわずかに界面活性剤との相互作用が異なることを利用している。界面活性剤を複数使用することで同じ金属チューブでも異なるカイラリティのものをも分離できる。

　一方、片浦弘道のグループはアガロースゲルを用い、SWCNT のカイラリティ分離に成功している [9]。SDS などの界面活性剤で分散させた SWCNT をアガロースゲルに通すとゲルとの相互作用がカイラリティでわずかに異なり通過時間に差がうまれることを利用している。

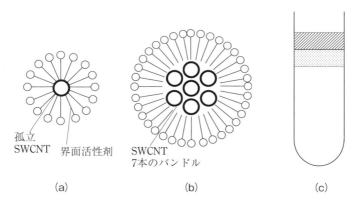

〔図 4-11〕界面活性剤ミセル中の（a）孤立 SWCNT、（b）7 本の SWCNT バンドルと（c）遠心管の模式図。

[7] M. J. O'Connell, et al., Science, 297, 593-596, (2002).
[8] M. Arnold, et al., Nature Nanotech., 1, 60-65, (2006).
[9] T. Tanaka, et al., Appl. Phys. Express, 1, 114001, (2008).

## 4－6．置換型ドーピング

　第2章でダイヤモンドは1950年代に高圧力法による人工合成が実現し、工業用途に年間100トン程度生産されていることを述べた。この人工合成ダイヤモンドのほとんどは宝石でイメージする無色透明ではなく黄色である。これは合成時に数百ppmの窒素が炭素の位置に置換的に入るためである。誤解しないでいただきたいのは天然ダイヤモンドが無色であるのは窒素を不純物として含まないからではないことである。窒素を含んでいても窒素原子の位置が近くなると無色になる。天然ダイヤのIa型と呼ばれるものはこのタイプである。黄色の人工ダイヤも高圧下で1500℃以上に加熱すると窒素原子が拡散しペアをつくり、無色になる。窒素がドープされたダイヤモンドはn型半導体とみることができるが電気伝導度は高くない。これに対し、ホウ素をドープすると青色になるとともに電気伝導性があらわれる。ホウ素ドープダイヤモンドはp型半導体とされることが多いが、ホウ素濃度が高くなると金属になるとの報告もある。こうしたホウ素ドープダイヤモンドはCVD合成されるものが多く、トリメチルボロンなどがホウ素源として利用される。

　グラフェンやナノチューブへの窒素、ホウ素などの原子置換型ドープもそれぞれの物性を大きく変えることができるため活発に研究が行われている。ドープ方法はダイヤモンドと同じようにCVD合成時にドープする元素を含有する分子を混合処理する前処理方法と合成後のナノカーボンにドーピングを行う後処理方法とがある。前処理方法では比較的結晶性の高い置換型試料が得られるが、合成方法が簡単でなかったり、大

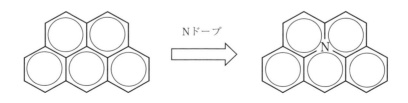

〔図4-12〕炭素骨格に炭素原子と置換的に挿入された窒素原子。

◯第4章　ナノカーボンの物理と化学

量合成が困難という場合が多い。前処理方法に利用される元素源として
はボラン（$BH_3$）、トリエチルボラン（$(C_2H_5)_3B$）、ベンジルアミン（$C_7H_9N$）、
トリフェニルホスフィン（$C_{18}H_{15}P$）などが知られている。

　後処理方法ではグラフェンについては酸化黒鉛が出発試料として利用
されることが多い。酸化黒鉛とアンモニア、メラミン、ヒドラジンある
いはホウ酸、酸化ホウ素などを反応させてドーピングする（図4-13、
4-14）。SWCNTへの後処理ドーピングはかなり困難であるがシアナミド
などを利用した方法が報告されている（図4-13）。

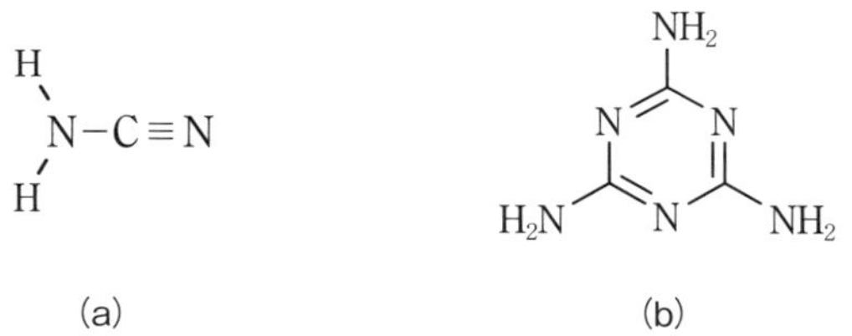

〔図4-13〕（a）シアナミド、（b）メラミンの構造式。

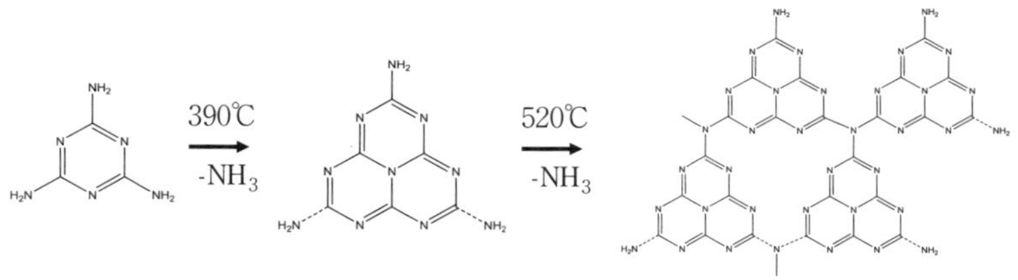

〔図4-14〕メラミンの分解過程 [10]。

[10] S. Acharya, et al., Inorg. Chem. Front., 2, 807-823, (2015).

− 86 −

## 4-7. 挿入型ドーピング

欠陥のないグラフェンに化学修飾するのは大変に難しいことをこれまで何度か述べてきた。しかし、積層したグラフェン（すなわち黒鉛）の層間に原子や分子およびそれぞれに対応するイオンを挿入することは比較的容易で古くから多くの研究報告がある。グラフェンはバンドギャップゼロの半導体であるので、層間に電子ドナー・アクセプターのどちらが入ってもキャリア生成され電気伝導性が向上する。強力なアクセプターである $AsF_5$ や $SbF_5$ をインターカレートした黒鉛は Cu よりも高い導電率を示すことで注目された。一方、ドナーである Li の黒鉛層間化合物はリチウムイオン電池負極として利用されている（図 4-15）。

黒鉛層間化合物のようにナノカーボンの集合体の隙間にドーパントを挿入することは早くから行われてきた。なお、フラーレンの内部や、SWCNT のチューブ内への原子・分子の取り込みは内包系として区別して次節に述べる。

フラーレン $C_{60}$ は室温で fcc 結晶となる。格子定数をもとに四面体孔、八面体孔の直径を計算するとそれぞれ約 0.22 nm、0.41 nm となる。大きさだけをみるとさまざまなイオンを取り込めそうだが、$C_{60}$ の HOMO は深く電子を取り出すことは容易ではなくアクセプターの挿入例は少ない。一方、ドナーとなる 1 族、2 族金属イオンの化合物は活発に研究され、興味深い物性が報告されている、中でも $A_3C_{60}$ の超伝導は非常に高い転移温度で注目された。

〔図 4-15〕黒鉛の層間に Li が挿入され層間化合物が形成される過程の模式図。層間化合物は挿入分子が規則正しく n 層おきに入っていくことが多く、これをステージングという。

SWCNTはファンデルワールス力で凝集し、バンドルを形成する。直径がある程度そろっていると2次元六方格子のようになる。この三角格子の隙間はチューブ径により変化するが、かなり大きなイオンを取り込める。また、フラーレンと異なり、ドナー・アクセプター両方の挿入が可能である。ただし、SWCNTの場合にはチューブ内にも同時にドーパントの取り込みが行われることが多く、挿入箇所の特定は一般に容易ではない（図4-16）。バンドル構造が発達したSWCNT試料で明瞭にX線回折線が確認できるものでは三角格子へのイオン取り込みを回折線位置のシフト、すなわち格子定数の変化から読み取ることができる。SWCNTの場合も一般にドナー・アクセプターの挿入により導電率が向上する。

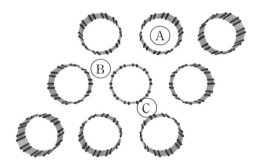

〔図4-16〕SWCNTバンドルには多数のドーピングサイトがある。チューブ中空（A）、三角格子の隙間（B）、チューブ間（C）などがおもな挿入サイトとなる。

## 4－8．分子挿入（内包）

　フラーレン、SWCNT は他の炭素材料にない内部空間を有する。この内部空間に原子や分子およびそれぞれに対応するイオンを取り込むことができる。内部空間にそうしたものを取り込んだ状態を内包と呼ぶ。内包分子は内部から炭素のフレームワークに働きかけナノカーボンの物性を制御する。一方、内部は化学的に安定なフレームワークでがっちりと守られている。黒鉛層間化合物などとは異なる新しい世界が内包ナノカーボンにはある。この独特な内包という状態を表すために化学式に @ という記号を使う。$A$ という原子が $C_{60}$ に内包されていれば $A@C_{60}$、SWCNT に内包されていれば $A@SWCNT$ のように書く。SWCNT の場合にはチューブ端が閉じていなくてもチューブ内に取り込まれていれば内包と表現し @ 付きの化学式が使われる。

　さて、最初の内包実験はフラーレンを発見したスモーリーによって $C_{60}$ 発見直後に行われたというから驚きである。しかし、確かに内包構造が確認されたのは 1991 年の $La@C_{82}$ が最初である [11]。その後多くの金属内包フラーレンがおもに高次フラーレンで合成された。金属以外にも中性の原子・分子（N, $H_2$, $H_2O$ など）やイオン（$Li^+$ など）の内包も行われている。中空のフラーレンでは IPR 則を満足しないものは安定に単離できないが、内包フラーレンではこのルールを破るものがいくつか知られている。内包方法はフラーレン合成時に内包物を同時にガス化するものがほとんどであったが、2005 年小松紘一は $C_{60}$ を化学的に開口し $H_2$ 分子を内部に導入後、開口部を閉じてもとの $C_{60}$ に戻すという画期的なことを行った [12]。

　1998 年にブライアン・スミスはフラーレン $C_{60}$ 分子を SWCNT の中空部分に挿入した物質の合成を報告した（図 4-17）[13]。この $C_{60}$ 分子を内包した SWCNT の透過電子顕微鏡（TEM）写真はきわめて印象的なものであり、まるで SWCNT の "さや" に $C_{60}$ の "豆" が詰まっているように見えることから、$C_{60}$ 分子を内包した SWCNT のことをピーポッド（さやえんどう）と呼ぶようになった。しかし、その後 $C_{60}$ 以外の分子も内包が可能だということがわかるようになると何が内包されているかを明確

にするために $C_{60}$ ピーポッドと記述されることが多くなった。これまでに各種フラーレン（$C_{60}$、$C_{70}$、金属内包フラーレン）、水分子、有機分子（カロテン、TCNQ、アントラキノンなど）、無機分子（リン、硫黄、ヨウ素など）の内包が報告されている。内包を行うためにはSWCNTの先端を開口処理しなければならない。すでに述べたように先端のキャップ部分には5員環が含まれ、ボディよりも反応性が高い。このことを利用してSWCNTを浅く酸化処理すると先端部分のみを酸化除去することができ開口できる。$C_{60}$のように昇華性の分子であれば、開口したSWCNTとともに真空熱処理するとSWCNTの吸着ポテンシャルにより内包物ができる（図4-18）。

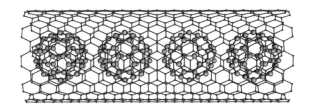

〔図4-17〕SWCNTに$C_{60}$が内包されてピーポッドが生成する。

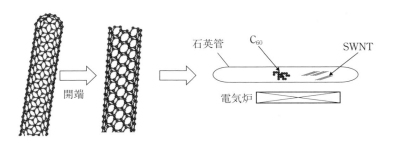

〔図4-18〕ピーポッド合成手順の模式図。

[11] Y. Cai, et al., J. Phys. Chem., 95, 7564-7568, (1991).
[12] K. Komatsu, et al., Science, 307, 238-240, (2005).
[13] B. W. Smith, et al., Nature, 396, 323-324, (1998).

## 4−9．ナノカーボンの化学合成

ナノカーボンを有機化学的に合成しようという試みはフラーレン、SWCNT、グラフェン全てで行われている（図 4-19）。そのいくつかを以下に紹介する。

フラーレンの全合成は早くから多くの有機化学者の研究対象であったが容易ではなかった。2002 年ロウレンス・スコットは $C_{60}$ の展開図のような分子を有機化学的に作り上げ、その分子を 1100℃ の真空熱分解により脱水素・脱塩素・環化反応させて $C_{60}$ を得ることに成功した（図 4-19）[14]。最後の熱分解処理が有機化学的かという議論はさておき、展開図と称した分子を 11 段階の有機化学反応で得た手腕は見事である。出発物質は 1 位と 4 位の水素を臭素、塩素で置換したベンゼンである。$C_{60}$ の部分構造ともいうべきおわん型の分子も多数有機合成されており、バッキーボウル（ball ではなく bowl）と呼ばれる（図 4-20）[15]。

SWCNT を有機化学的に合成するという試みは部分的に成功している。伊丹健一郎のグループを含め複数の研究者により 2008-9 年にかけてカーボンナノリング（CPP, cycloparaphenylene とも呼ばれる）が合成された（図 4-21）[16]。カーボンナノリングは基本的にベンゼン環が C-C 単結合で結ばれた構造になっている。ベンゼン環のすべてが C-C 単結合で結ばれたリングはアームチェア SWCNT をチューブ軸に垂直方向に切り取った構造になっている。伊丹らはナノリングと同じリング状の構造を持つがベンゼン環がエッジシェアしてつながったカーボンナノベルトの合成を 2017 年に報告した（図 20）[17]。ナノリングとナノベルトは非常に似

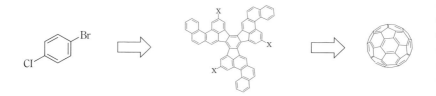

〔図 4-19〕$C_{60}$ の有機化学的合成（全合成）手順（2-4 節参照）。

た構造だが、リングを切断するのに切らなければならない結合の最小数が前者は1、後者は2という違いがある。フラーレンの全合成のときの展開図のような分子と同じような方法で非常に短いナノチューブの先端部分を有機化学的に合成したとの報告が2014年にNature誌に掲載され話題となった[18]。さらにこの先端部分をエピタキシャル成長させて長くすることにも成功している。この手法は(6, 6)SWCNTのみを選択的に合成できる画期的なものである。

ベンゼン環がエッジ共有してつながったナフタレン、アントラセン、ピレンなどの分子を多環芳香族炭化水素（PAH）という。このPAHをつなげていけばグラフェンができる、ということは誰しもが考えることで

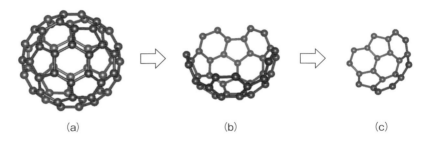

〔図 4-20〕$C_{60}$の部分構造の模式図。(c)はバッキーボウルとも呼ばれるスマネンで有機化学的に合成できる。

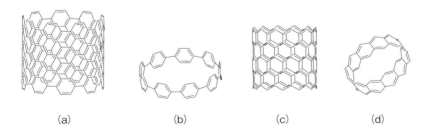

〔図 4-21〕(a)(9, 9) SWCNTと(b)その部分構造のカーボンナノリング。(c)(12, 0) SWCNTと(d) $C_{60}$のその部分構造のカーボンナノベルト。ただし、(d)はまだ合成されておらず、実際に合成されたナノベルトはもう少し複雑な構造である。

あろう。実際に、ベンゼン環が5つつながったペンタセンを真空下で加熱して脱水素縮合させると多量体の生成を示すマススペクトルが得られる（図4-22）[19]。しかし、単純に縮合させると縮合位置を制御できずさまざまな構造のものができてしまう。この問題を解決するには水素より結合が切れやすい臭素などを置換して縮合させる。まず、臭素の位置で縮合が起こるため方向の制御ができる。この方法でアントラセンを並べた構造をもつナノリボンの合成が2010年にNature誌に報告されて以来、多数のナノリボンの合成報告がある[20]。

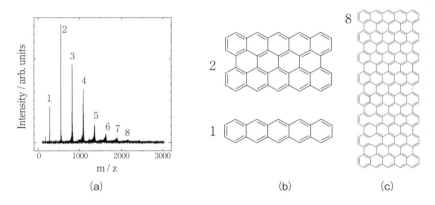

〔図4-22〕ペンタセン（(b)の1）を重合反応させたときに得られたマススペクトル（(a)）。

[14] L. T. Scott, et al., Science, 295, 1500-1503, (2002).
[15] H. Sakurai, et al., Science, 301, 1878-1879, (2003).
[16] H. Omachi, et al., Acc. Chem. Res., 45, 1378-1389, (2012).
[17] G. Povie, et al., Science, 356, 172-175, (2017).
[18] J. R. Sanchez-Valencia, et al., Nature, 512, 61-64, (2014).
[19] Y. Ishii, et al., Nanoscale 4, 6553-6561 (2012).
[20] J. Cai, et al., Nature, 466, 470-473, (2010).

## 4−10. ナノカーボンの融合反応

　一枚のグラフェン、一本のナノチューブ、一個のフラーレン、いずれも個性的な原子配列を持ち、美しくさえ思わせる。それぞれを2つにして接合するとどのようなことが起こるだろうか（図4-23）。美しいと感じた構造はとたんに複雑になる。

　グラフェンを重ねて互いに近づけていくとどのような構造変化が起こるのかということについてはすでに多くの実験・計算結果がある。黒鉛の高圧実験である。ダイヤモンドの高圧合成では鉄触媒を用いていったん炭素原子をばらばらにしてからダイヤモンドを再構築した。しかし、より高い圧力が必要になるが黒鉛から直接ダイヤモンドへ変換できることも知られている。六方晶黒鉛の層間距離を縮めていき上下のグラフェン間でC-C結合ができると原子の大きな拡散を伴うことなく六方晶ダイヤモンドへ変換できることは容易に確認できる[21]。立方晶ダイヤモンドへの変換には少し複雑なメカニズムを考えなければならない。

　$C_{60}$に紫外線照射すると$C_{60}$の二量体が得られることが比較的早い段階でわかっていた。これはエチレン2つからシクロブタンができるのと同じ[2+2]環化付加反応が$C_{60}$でも起こるためである（図4-23）。この環化付加反応はウッドワード・ホフマン則により熱的には起こしにくい反応であるが、$C_{60}$の場合には高圧力をかけて$C_{60}$分子間の距離を縮めてから加熱すると環化付加反応により$C_{60}$が連結したフラーレンポリマーが形成される（図4-24）[22]。面白いことに連結のされ方は規則的でいくつかのフラーレンポリマーの結晶相が知られている。

　また、Rbをドープした$RbC_{60}$体心斜方晶の中でもこのポリマー化が起こっていると考えられている。$C_{60}$が内包されたSWCNT（ピーポッド）

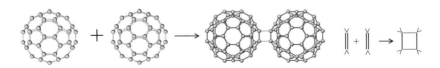

〔図4-23〕$C_{60}$の環化付加反応による重合体の形成。

を真空下で加熱するとC$_{60}$分子間の融合が始まり、1200℃で処理したものは直径の小さなナノチューブになることが2001年坂東俊治により報告された[23]。ピーポッドから二層カーボンナノチューブを合成する手法として知られている（図4-25）。

SWCNTを高圧下で加熱処理してC$_{60}$ポリマー類似のものを合成しようとの試みはいくつかあるが構造の詳細がわかっているものは少ない[24]。マウリシオ・テロネスは透過電子顕微鏡（TEM）に加熱装置を組み込んだ装置を用いて、加熱しながらTEM観察を行った[25]。800℃で

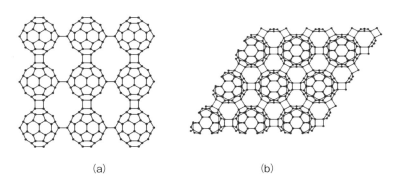

〔図4-24〕C$_{60}$の重合方式の異なる（a）正方晶、(b) 菱面体晶フラーレンポリマー。

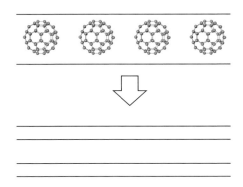

〔図4-25〕C$_{60}$ピーポッドを真空下で加熱するとSWCNT内部でC$_{60}$の重合が起こり、二層カーボンナノチューブが生成する。

加熱を行うと SWCNT 2 つが融合し直径の大きなチューブになることを見つけた（図 4-26）。電子線照射により生じた炭素欠損が起点となり融合反応が進んだと考えられている。同じようなメカニズムで結晶性の高くない SWCNT を真空下で加熱すると同様の融合反応が電子線照射なしでも起こる。

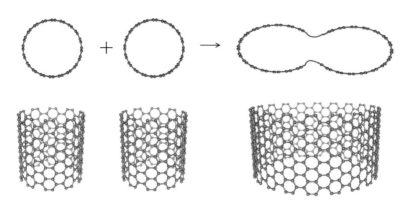

〔図 4-26〕SWCNT の融合のイメージ図。

[21] H. Xie, et al., Sci. Rep., 4, 5930, (2010).
[22] Y. Iwasa, et al., Science, 264, 1570-1572, (1994).
[23] S. Bandow, et al., Chem. Phys. Lett., 337, 48-54, (2001).
[24] S. Kawasaki, et al., Carbon 43, 37-45 (2005).
[25] M. Terrones, et al., Science, 288, 1226-1229, (2000).

## 4-11. ダイヤモンドとナノカーボンの熱伝導

中世のダイヤモンド商人はダイヤの真贋を舌の上に乗せることで判断したそうだ（図4-27）。ダイヤモンドは実用材料の中で室温での熱伝導率が最も高いものである。舌の体温が奪われひんやりと感じるかどうかでダイヤの真贋がわかるという仕掛けである。ダイヤモンドの熱伝導率は測定試料によるばらつきが大きいがおおむね 2000 W/mK 程度であり、銅の5倍くらいある。このように大きな熱伝導率を持つのは端的に言うとしっかり結合がつながっており、熱振動が伝搬しやすいからと説明できる。フォノンの熱抵抗が起こるのはウムクラップ散乱が起こるため、また、これを起こすフォノンのエネルギーは $1/2 k_B \theta_D$（$k_B$ はボルツマン定数、$\theta_D$ はデバイ温度）程度と固体物理の教科書には書かれている。ダイヤモンドの結合は硬く、デバイ温度は 1860 K と高い。したがって、ウムクラップ散乱を起こすようなフォノンが生成されにくいことが高い熱伝導率の理由の一つとわかる（図4-28）。高い結合エネルギーは欠陥生成エネルギーを大きくするため、格子欠陥も少ない。これもまた高い熱伝導率の理由の一つである。驚いたことに、わずか1.1%しか含まれない $^{13}C$ がフォノンの自由行程を引き下げており、$^{12}C$ でエンリッチしたダイヤモンドの室温での熱伝導率は 3320 W/mK にもなるとの報告もある [26]。

黒鉛については $ab$ 面内と $c$ 軸方向とで3桁程度熱伝導率に違いがあることが良く知られている。また、$ab$ 面内の熱伝導率はダイヤモンドをしのぐとの報告もある。したがってグラフェンの熱伝導率は大きいこ

|  | デバイ温度（K） |
|---|---|
| ダイヤモンド | 2250 |
| Si | 645 |
| Cu | 347 |
| Ag | 227 |
| Au | 152 |

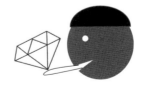

〔図4-27〕ダイヤモンドはデバイ温度が高く、熱伝導度も高い。

とが予測されるが、試料の結晶性の差が大きいことと実験的な困難さから報告値のばらつきが大きい。ラマン散乱などの実験、MD計算などにより報告されている値はおおむね 2000-5000 W/mK と大きい [27]。

　SWCNTもグラフェンを丸めた構造であるので同様に大きな熱伝導率を持つことが期待される。SWCNTは金属・半導体の2種があるが、金属SWCNTの場合、熱流キャリアは電子なのかフォノンなのかという疑問がでてくる。これについては、フェルミエネルギー近傍の電子の数が少なく、フォノンが支配的であることがわかっている。グラフェンと同様にSWCNTのフォノンの平均自由行程は非常に長い。平均自由行程よりチューブ長が短いSWCNTについてはチューブ端以外のところは散乱なしにバリスティック（弾道的）にフォノンが運ばれ、熱伝導率がチューブ長に比例する。報告されている熱伝導率はグラフェンと同程度であるが、非常にばらつきが大きい。

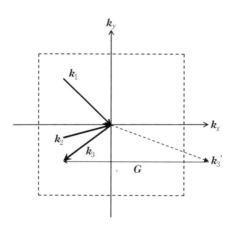

〔図4-28〕フォノン $k_1$ と $k_2$ の合成で $k_3$' となるがこれが点線で示したブリルアンゾーンを超えると逆格子ベクトル G で戻され $k_3$ となる。これをウムクラップ散乱という。

[26] T. R. Anthony, et al., Phys. Rev. B, 42, 1104-1111, (1990).
[27] A. A. Balandin, Nature Mater., 10, 569-581, (2011).

## 4－12. ナノカーボンの機械的特性

　ダイヤモンドが実用材料の中で最も硬いということは本書の中で何度か述べた。しかし、あらためて「硬い」とはどういうことか問われると答えるのは必ずしも容易ではない。硬さを評価する指標はいくつかある。モース硬度計は 10 段階で「硬さ」を評価できる（表 4-1）。仕掛けは簡単で「硬さ」の異なる 10 個の標準試料とスクラッチテスト（2 つの試料をこすり合わせる）を行って傷がついた方が「やわらかい」と判定する。ダイヤモンドはもっとも「硬い」標準試料である。ビッカース硬度計は圧子を試料に押し当ててくぼみの大きさで「硬さ」を判定する。この圧子には一般的にダイヤモンドが利用される。もう少し定量的に硬さを評価するには、ヤング率や体積弾性率がある。力に対する変形量が小さいものを「硬い」と判断するわけである。ダイヤモンドの体積弾性率は441 GPa もあり実用材料の中ではとびぬけて高い。ダイヤモンドが硬い理由は簡単ではないが、$sp^3$ 炭素の C-C 結合がひずみなく 3 次元的に連なっていることが大きな要因であろう。

　第 1 章で $sp^3$ 炭素の C-C 結合より $sp^2$ 炭素の結合の方が強いことをみてきた。そうだとすれば $sp^2$ 炭素のみからなるナノカーボンの方がダイヤモンドより硬いのではないか。実際、$C_{60}$ 分子の体積弾性率を計算すると 903 GPa となりダイヤモンドよりはるかに硬い。しかし、$C_{60}$ 結晶は $C_{60}$ 分子を弱いファンデルワールス力で束ねたものであり「やわらかい」材料となる。$C_{60}$ 分子間に 3 次元的に共有結合を導入すれば硬くできると考えて、高圧下で $C_{60}$ を処理した試料がつくられた。この試料とダイヤモンドとでスクラッチテストを行ったところ、ダイヤに傷がついたとの報告がある [28]。$C_{60}$ のウルトラハード相、スーパーハード相と呼ばれ一時注目されたがその存在を確実なものとするデータはないように思う。

〔表 4-1〕モース硬度。

| 1 | 2 | 3 | 4 | 5 | 6 | 7 | 8 | 9 | 10 |
|---|---|---|---|---|---|---|---|---|----|
| 滑石 | 石膏 | 方解石 | 蛍石 | 燐灰石 | 正長石 | 石英 | 黄玉 | 鋼玉 | ダイヤモンド |

グラフェンやSWCNTではヤング率がよく議論される。2010年のノーベル授賞式の際にうさぎをのせたグラフェンハンモックの絵が話題になった。原子間力顕微鏡を利用して見積もられたグラフェンのヤング率は約1 TPaであり、黒鉛の*ab*面内のヤング率の測定値とほぼ同じである。しかし、ラマン分光を用いて見積もられた値はその倍以上あり、精度の判定が難しい。評価が難しいのはSWCNTも同じである。SWCNTの場合は直径や結晶性により機械的特性は大きく異なるので注意して報告値を読まなければならない（図4-29）。直径が1 nm前後のSWCNTのヤング率は1 TPa程度のものが多いように思う。

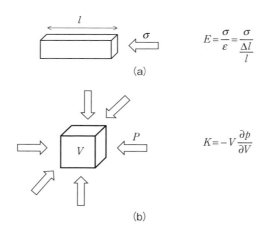

〔図4-29〕(a) ヤング率 $E$、(b) 体積弾性率 $K$ の求め方。

[28] V. Blank, et al., Phys. Lett. A, 188, 281-286, (1994).

# 第5章

## ナノカーボンの分析

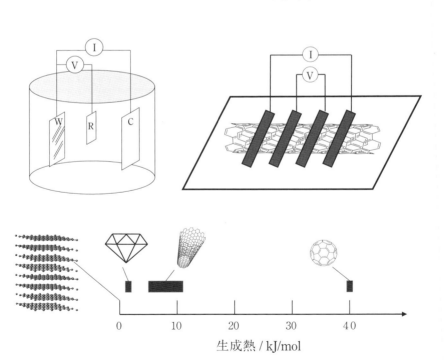

## 5-1. ダイヤモンド、黒鉛のX線回折

原子の配列の規則性を調べるにはX線回折が最も強力である。炭素材料の場合にはダイヤモンド以外は単結晶を得ることが難しく、粉末X線回折実験を利用することが多い（図5-1）。まず、ここでは回折実験の基礎を確認しておこう。X線回折強度は図5-2に示した散乱ベクトル $\boldsymbol{K}$ を使って下記のような式で表せる（簡単のため温度因子を省略している）。

回折強度 $\propto |G(\boldsymbol{K})|^2 \cdot |F(\boldsymbol{K})|^2$

$$|G(\boldsymbol{K})|^2 = \frac{\sin^2(\pi N_a \boldsymbol{K} \cdot \boldsymbol{a})}{\sin^2(\pi \boldsymbol{K} \cdot \boldsymbol{a})} \frac{\sin^2(\pi N_b \boldsymbol{K} \cdot \boldsymbol{b})}{\sin^2(\pi \boldsymbol{K} \cdot \boldsymbol{b})} \frac{\sin^2(\pi N_c \boldsymbol{K} \cdot \boldsymbol{c})}{\sin^2(\pi \boldsymbol{K} \cdot \boldsymbol{c})}$$

$$F(\boldsymbol{K}) = \sum_{j=1}^{n} f_j(\boldsymbol{K}) \, e^{\{2\pi i (hx_j + ky_j + lz_j)\}}$$

ここで、$N$ は単位格子中の独立な原子数、$f_j(\boldsymbol{K})$ は $j$ 番目の原子の原子散乱因子である。

$|G(\boldsymbol{K})|^2$ の部分はラウエ関数である。ラウエ関数は結晶が十分に大きければ（一般的には単位格子の数10個以上あれば）デルタ関数のようになり、散乱ベクトル $\boldsymbol{K}$ が逆格子ベクトル（$\boldsymbol{a}^*, \boldsymbol{b}^*, \boldsymbol{c}^*$）を使って次のよう

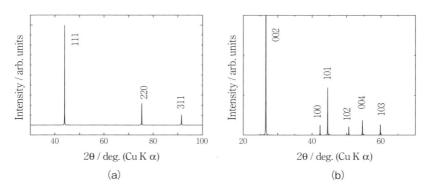

〔図5-1〕(a) ダイヤモンドと (b) 黒鉛のX線回折図形。黒鉛は実際には $c$ 軸配向していることが多く002, 004の強度が他の回折線より強く観測されることが多い。

になるときのみ値を持つ。

$$K = ha^* + kb^* + lc^* \quad (h, k, l \text{ はすべて整数})$$

すなわち、散乱ベクトルの原点を逆格子原点にとったときベクトルの先が逆格子の格子点に一致するとき回折条件を満足すると考える（図5-2のエワルドの反射球を参照）。これをラウエ条件というが、よく知られる下記のブラッグの式をより厳密に表したものと理解できる。

$$2d\sin\theta = \lambda$$

一方の $F(K)$ は構造因子と呼ばれ、回折強度に関わるものである。指数関数の中はややこしく見えるかもしれないが散乱ベクトルと単位格子中の原子の位置ベクトル $R_j$ の内積で難しくはない（$a \cdot a^* = 1, a \cdot b^* = 0, a \cdot c^* = 0$ などに注意）。

$$R_j = x_j a + y_j b + z_j c$$

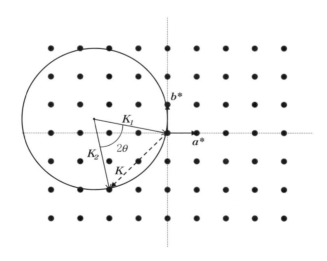

〔図5-2〕エワルドの回折球（球の半径は入射X線の波長の逆数）。$K_1$, $K_2$ は入射、回折線ベクトル、$K$ は散乱ベクトルをそれぞれ表す。エワルドの回折球の上に逆格子点がのるとラウエ条件を満足し回折する。

$F(\boldsymbol{K})$ からどういうことが理解できるかを考えるため、仮想的になにか一種類の原子が単純な面心立方格子を組んだとしよう。元素は一種類なので $f_i(\boldsymbol{K})$ は $f$ として $\Sigma$ の外に出せる。独立な原子位置は $(0, 0, 0)$, $(1/2, 1/2, 0)$, $(1/2, 0, 1/2)$, $(0, 1/2, 1/2)$ なので $F(\boldsymbol{K})$ はつぎのようになる。

$$F(\boldsymbol{K}) = f\{e^0 + e^{\{i(h+k)\pi} + e^{\{i(k+l)\pi} + e^{\{i(l+h)\pi}\}$$

実数部だけとりだしてくると下記の通りである。

$$F(\boldsymbol{K}) = f\{\cos 0 + \cos(h+k)\pi + \cos(k+l)\pi + \cos(l+h)\pi\}$$

$F(\boldsymbol{K})$ がゼロにならないのは「$h, k, l$ がすべて奇数かすべて偶数であること」が条件であることがわかる。これが良く知られている面心立方格子（fcc）の消滅則である。

　次に、ダイヤモンドの場合を考える。単位格子内の原子の位置は面心位置の $(0, 0, 0)$, $(1/2, 1/2, 0)$, $(1/2, 0, 1/2)$, $(0, 1/2, 1/2)$ に加えこれらの点を $(1/4, 1/4, 1/4)$ ずらした点も加わる。単純な面心立方格子と同じような手続きを踏むと下記が値を持つかどうかが消滅則を決めることがわかる。

$$F(\boldsymbol{K}) = f(1 + e^{\{\frac{i}{2}(h+k+l)\pi}\})\{e^0 + e^{\{i(h+k)\pi} + e^{\{i(k+l)\pi} + e^{\{i(l+h)\pi}\}$$

上がゼロにならないのは面心立方格子の消滅則すなわち「$h, k, l$ がすべて奇数かすべて偶数である」という条件に加えて下記の部分がゼロにならないことが条件となる。

$$(1 + e^{\{\frac{i}{2}(h+k+l)\pi}\})$$

すなわち、$h+k+l = 4m+2$（$m$ は整数）のときは消滅というルールが加わる。単純な面心立方格子の結晶では観測される 200 回折線がダイヤモンドでは消滅し観測されない（図 5-1）。

　最後に黒鉛について考える。単位格子内の独立な原子の位置は $(0, 0, 1/4)$, $(0, 0, 3/4)$, $(1/3, 2/3, 1/4)$, $(2/3, 1/3, 3/4)$ である。今までと同じような手続きで消滅則を決める式が導ける。

－ 105 －

◯第5章　ナノカーボンの分析

$$F(\pmb{K}) = f\left\{ e^{\left\{ 2\pi i\left( \frac{2}{3}h + \frac{1}{3}k + \frac{3}{4}l\right)\right\}} + e^{\left\{ \frac{1}{2}\pi il\right\}} + e^{\left\{ \frac{3}{2}\pi il\right\}} + e^{\left\{ 2\pi i\left( \frac{1}{3}h + \frac{2}{3}k + \frac{1}{4}l\right)\right\}} \right\}$$

これはやや複雑であるが、$hkl$ について $00l$ のみを考えると下記のように簡単になる。

$$F(\pmb{K}) = 2f\left( \cos\frac{1}{2}\pi l + \cos\frac{3}{2}\pi l\right)$$

これから明らかなように $00l$ については $l$ が偶数のときのみ値をもつことがわかる。一方、面内の原子配列に関わる回折線から C-C 結合距離やグラフェン面の結晶性が議論できる。回折条件のところでラウエ関数は結晶が十分大きければデルタ関数的にふるまうことを述べた。逆に結晶が十分に発達していないときは回折線がブロードになる。このことを利用して $a, b$ 軸方向、$c$ 軸方向の結晶子サイズが議論される。

## 5-2. $C_{60}$ のX線回折

室温では $C_{60}$ 結晶の中で $C_{60}$ は高速回転しており、結晶構造は面心立方構造 ($Fm\overline{3}m$) であることをみてきた。実際に、$C_{60}$ 結晶の粉末X線回折図形を観察すると図5-3のようになる。前節で述べたように面心立方構造では $hkl$ がすべて奇数か、すべて偶数のものしか観察されないはずだが、そのことは図5-3でも確認できる。ところが、不思議なことに観察されるはずの200回折線がない。これはどういうことだろうか。

前節でみたようにX線の回折強度は構造因子で決まる。しかし、室温の $C_{60}$ 結晶の中では $C_{60}$ 分子が高速に回転しているため、原子の位置座標が決まらず構造因子を計算できない。そこで近似的に $C_{60}$ の球殻上に原子が均一に分布していると仮定して、$C_{60}$ の分子散乱因子を計算すると下記のようになる。

$$S(Q) = 60 f_c(Q) \frac{\sin(QR)}{QR}$$

ここで、$Q=4\pi\sin\theta/\lambda$, $f_c(Q)$ は炭素の原子散乱因子、$R$ は $C_{60}$ の半径 (=3.52 Å) である。格子定数 $a$=14.2 Å とすると200回折線位置は $Q=4\pi(1/14.2)$ となる。したがって $QR \simeq \pi$ となり $S(Q)$ はほぼゼロになる。

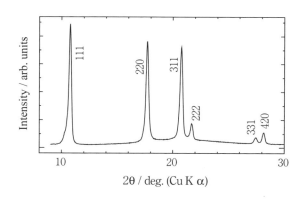

〔図5-3〕$C_{60}$ 結晶の室温、大気圧下でのX線回折図形。

これは $C_{60}$ 結晶の格子定数の大きさと $C_{60}$ 分子の半径の大きさの関係から偶然もたらされたものである。なお、$\frac{\sin(QR)}{QR}$ の部分は 0 次の球状ベッセル関数 $J_0(QR)$ の形になっており、$S(Q) \propto J_0(QR)$ である。

さて、$C_{60}$ 分子は体積弾性率がダイヤモンドより大きく非常に硬い分子であることを 4 章で述べた。$C_{60}$ 結晶に圧力をかければ、$C_{60}$ 分子自体はほとんど縮まず、分子間距離だけが小さくなるはずである。もしそうなれば、さきほど述べた 200 回折線が偶然消滅した関係が壊れる。実際にダイヤモンドアンビルセルという高圧装置を使って $C_{60}$ 結晶に静水圧をかけながら回折実験を行った結果が図 5-4 である。圧力を付与すると分子間距離が縮まり格子定数が小さくなり、回折線が高角にシフトする。また、予測されたように大気圧下では観測されなかった 200 回折線が高圧下では見えてくる [1]。

$C_{60}$ をフッ素と反応させると一回り大きな球状分子ができる。ただし、フッ素付加量により分子構造は大きく異なる。図 5-5 は $C_{60}F_{36}$, $C_{60}F_{48}$ 結晶の粉末 X 線回折図形である [2]。どちらの結晶も室温では分子のひずみの影響で fcc にはならず、体心立方晶（bcc）、体心正方晶（bct）構造と

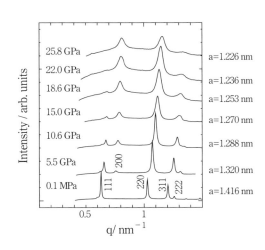

〔図 5-4〕ダイヤモンドアンビルセルを用いて $C_{60}$ 結晶の高圧下での X 線回折図形を観測した結果。放射光 X 線（$\lambda$=0.4983 Å）を使用している。

なる。しかし、$C_{60}F_{48}$結晶を高温にすると分子の自由回転により球状となり fcc 構造に相転移する（図 5-6）[2]。$C_{60}$結晶の回折線をすべて低角にシフトさせたような回折図形になっている。

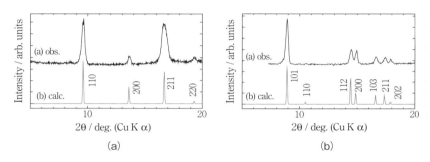

〔図 5-5〕(a) $C_{60}F_{36}$ (bcc)、(b) $C_{60}F_{48}$ (bct) の X 線回折図形。

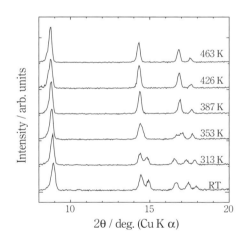

〔図 5-6〕$C_{60}F_{48}$ (bct) の高温での bct から fcc への構造相転移。

[1] S. Kawasaki, et al., Chem. Phys. Lett., 447, 316-319 (2007).
[2] S. Kawasaki, et al., J. Phys. Chem. B, 103, 1223-1225, (1999).

## 5-3. SWCNTのX線回折

　SWCNTと聞くとどうしても1本のチューブを連想しXRDとは無縁のように思える。しかし、実際にはSWCNTが孤立して存在することはむしろまれであり、ファンデルワールス力により凝集しバンドルを形成する（図5-7 (d)）。直径がある程度そろっていて結晶性が良い試料であると、この凝集体は図5-7に示す2次元結晶のようになる。XRD実験を行うとこの2次元結晶由来の回折線が観測される（図5-7 (a)）。ただし、チューブ径のばらつきなどによる構造の不完全さから回折線はかなりブロードになる。また、このブロードなピークの位置は2次元結晶から期待される回折位置からずれていることが多いことに気をつけなければならない（図5-7 (b)）。5-1節で説明したように結晶の大きさが十分でないとラウエ関数はブロードになる。バンドルは数十から数百程度のSWCNTしかなく十分な周期性をもっていない。ブロードなラウエ関数に図5-7 (c) の構造因子がかかるためピークのずれが起こる。そのため通常の結晶のように1つずつ回折線のピーク位置を求めて解析的に格子定数を決めるのは一般に困難である。格子定数を決定するには回折図形全体のシミュレーションが必要になる [3]。

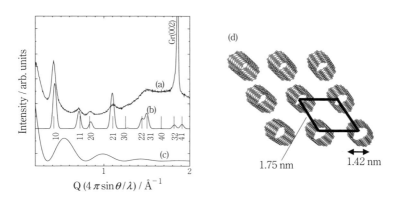

〔図5-7〕SWCNTバンドルのX線回折図形（(a) 実測、(b) シミュレーション（縦棒はブラッグ位置）、(c) 構造因子（ベッセル関数））。(d) シミュレーションにより求められたチューブ径、チューブ中心間距離。

自由回転するC$_{60}$分子について、球殻上に原子が均一に存在すると仮定すると分子散乱因子が0次の球状ベッセル関数に比例することがわかった。同じようにSWCNTは円筒状に原子が均一に存在すると仮定するとその分子散乱 $S(Q)$ は0次の円筒ベッセル関数 $J_0$ に比例する（$S(Q) \propto J_0(QR)$）（図5-7 (c)）。この分子散乱因子を用いて回折図形のシミュレーションを行うことができる。このとき、チューブ径 $R$ と2次元結晶格子定数 $a$ の値で大きく回折図形が変化するので試行錯誤的に2つの値を決めることになる。仮想的な温度因子を加えて高次反射の強度を落として回折図形全体をフィッティングすることも考えられるが、結晶性のよいSWCNT試料でも高角まで回折線がみられることは少なく容易ではない。

　C$_{60}$をSWCNTに内包したピーポッドでは面白いことが観測される。一つはC$_{60}$が一次元に周期的に並んでいることに由来する新しい回折線の出現である（図5-8）。この回折線の位置から平均的なC$_{60}$分子間距離を求めると、C$_{60}$のfcc結晶内での分子間距離にくらべてずいぶんと小さいことがわかる[4]。これはSWCNT内に働く表面ポテンシャルにより

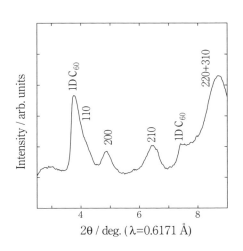

〔図5-8〕C$_{60}$ピーポッドの粉末試料を透過ジオメトリで測定したXRD回折図形。1D C$_{60}$と書いたピークはチューブ内のC$_{60}$擬一次元結晶からの回折線。SWCNTの100回折線は強度が弱く観測されていない。

$C_{60}$ 分子がチューブ内に吸着されることと関係している。強く吸着される様子を擬高圧効果と呼ぶものもいる。もう一つ、面白いのはもっとも低角の 100 回折線の強度が $C_{60}$ 内包により減少することである（図 5-9）。ちょうどこの回折線の位置で SWCNT による散乱と $C_{60}$ 分子による散乱とが打ち消しあうような関係になっていることが原因である。この 100 回折線の強度減少から $C_{60}$ 分子内包量を求めようとの試みもある。

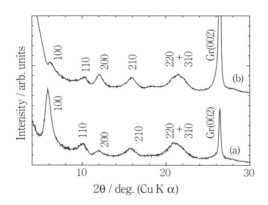

〔図 5-9〕(a) SWCNT、(b) $C_{60}$@SWCNT のペーパー状試料を試料板に載せて反射ジオメトリで測定した XRD 回折図形。図 5-8 で観測されたチューブ内の $C_{60}$ 擬一次元結晶からの回折線はこの配置では回折条件を満足せず観測されていない。Gr(002) は不純物黒鉛からの回折線。

[3] A. Thess, et al., Science, 273, 483-487, (1996).
[4] S. Kawasaki, et al., Chem. Phys. Lett., 418, 260-263, (2006).

## 5－4．グラフェン関連物質のX線回折

　5-1 節で黒鉛の回折図形をみたが、ダイヤモンド以外の多くの実用炭素材料で黒鉛に類似の回折図形が観測される。これはそうした実用材料においてグラフェンにちかい構造の六角網面が基本構造ユニットになっていることを示唆している。多くのアモルファスカーボンにおいてでさえ黒鉛の002回折線のあたりにブロードな回折（ハローピーク）が観測される。こうした低結晶性の炭素材料の回折ピークは黒鉛の002回折線より低角側に観測される。すなわちグラフェン層間の距離が黒鉛より大きい。黒鉛結晶におけるグラフェン層の積層の仕方がもっとも結合力が強くなる配置である。積層の仕方が異なると、すなわち六員環の向きが異なったり、ずれ方が異なると層間距離が大きくなる。このずれ方を定量的に評価して黒鉛化度なるものを評価しようとの試みもある。

　黒鉛の層間に原子・分子を挿入したり、グラフェン層に官能基を導入したりすると黒鉛の002回折に対応するピークが低角側にシフトする。回折指数 *hkl* は単位格子をもとにインデックスされる。黒鉛層間化合物のように何層おきにインターカレーションされるかで積層方向の繰り返し単位が変わるものにおいては、同じ層間であってもインデックスが変わる。いちいち単位格子サイズを確認するのは面倒なので、便宜的に本書では002*回折と * をつけて一番近い層間による回折を示すことにする。

　黒鉛を 4-2 節に示したような方法で酸化するとグラフェンに酸素官能基などが導入され層間距離が大きくなるため002*回折線は低角側にシフトする（図5-10）。酸化方法や酸化の程度によりシフト量が異なるだけでなく、ピークプロファイルも変化する。目的とする酸化黒鉛が生成されているかどうかの一つの参考データとなる。合成した酸化黒鉛を何らかの方法で還元、すなわち官能基の除去を行うとグラフェンを得ることができる。グラフェンの大量合成法として良く用いられる手段である。しかし、そういった還元した酸化黒鉛の XRD を観察すると一般には、黒鉛の002回折線よりやや低角側にブロードな回折線が観測される。す

－ 113 －

なわち、この手法では何枚かの層が積層したグラフェンが得られていることを示している。

　黒鉛層間化合物のキャラクタリゼーションにもXRDはよく利用される。多くの層間化合物で挿入反応が5-16節で示すように段階的に起こる。このような段階的な反応をステージング反応という。リチウムイオン電池の負極には黒鉛が使用される。充電反応はリチウムイオンが黒鉛層間に挿入する反応に相当する。充電時に時間に対して電極電位をモニターすると何段階か電位が一定になる電位プラトーが観測される。この電位プラトーがステージング反応に対応することがXRD観測で明らかにされている。

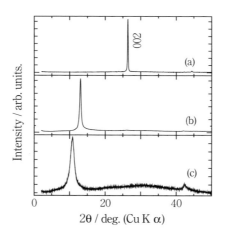

〔図5-10〕(a) 黒鉛、(b) スタウデンマイヤー法で合成した酸化黒鉛、(c) ハマーズ法で合成した酸化黒鉛のX線回折図形。

## 5−5. 分子のラマン散乱（$C_{60}$ のラマンスペクトル）

　ナノカーボンに限らず炭素材料の構造情報を得ようとする時、ラマン分光は大変強力な手段となる。ラマン散乱は物質に入射した光の波長とは異なる波長の光が散乱される現象で、両者の光のエネルギー差は物質の分子振動・格子振動のエネルギーに対応する。すなわち、ラマン分光は分子の振動あるいは結晶の格子振動に関する情報を与えてくれる（図 5-11）。ここではまず分子の振動についてみていこう。

　分子の中で原子は分子の対称性の制約をうけて振動している。このような制約の中で分子は構成原子の移動の様式（振動モードという）の異なるいくつかの固有振動をもつ（図 5-12）。固有振動のエネルギーは光でいうと赤外線の領域になる。分子振動を実験的にとらえる手段としてラマン分光のほかに赤外吸収分光（IR 分光）がある。どちらの実験手法で

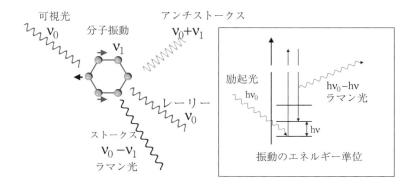

〔図 5-11〕ラマン散乱実験の原理の説明図。

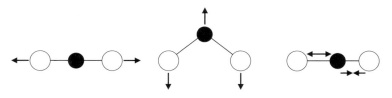

〔図 5-12〕$CO_2$ 分子の 3 つの分子振動モード。白丸は酸素、黒丸は炭素。

○第5章　ナノカーボンの分析

もすべての振動モードをとらえられるわけではなく、モードの対称性により ラマン活性、IR 活性が決まる。一般に、振動により双極子モーメントが変化する場合 IR 活性、分極率が変化する場合ラマン活性とされる。

　分子の中にどのような振動モードがいくつありどれがラマン・IR 活性かを理解するには群論が有効である。まず、分子の対称性（点群）を調べ、その指標表を得る。指標表には上部に横並びに点群の要素（対称操作）が記されており、左端の縦に既約表現が書かれている。要素に対する既約表現の指標（表現行列の対角成分の和）が表になっている。指標表の右側には基底の例が示されている。ラマン活性、IR 活性はさきに書いたようなルールだとすると指標表で基底の例が $x, y, z$ のものが IR 活性、$x^2, y^2, z^2, xy, yz, zx$ のものがラマン活性になる。

　具体的にフラーレン $C_{60}$ の場合をみていこう。$C_{60}$ は点群 $I_h$ に属し、その指標表は表 5-1 に示したようなものになる。次に $C_{60}$ の振動の可約表現の指標をそれぞれの対称操作に対して求める。これには、60 個の原子位置にデカルト座標軸を置き、それらがどのように対称操作で変換するかを考える。数が多いので大変だが、表現の対角成分はほとんどゼロになるので意外と簡単である。そうして求められた指標から可約表現がいくつの既約表現にわけられるかを求める。$i$ 番目の規約表現が可約表現の中に存在する回数 $a_i$ は下記の式から求めることができる [5]。

〔表 5-1〕点群 $I_h$ の指標表。

| | E | $12C_5$ | $12(C_5)^2$ | $20C_3$ | $15C_2$ | i | $12S_{10}$ | $12(S_{10})^3$ | $20S_6$ | $15\sigma$ | linear, rotations | quadratic |
|---|---|---|---|---|---|---|---|---|---|---|---|---|
| $A_g$ | 1 | 1 | 1 | 1 | 1 | 1 | 1 | 1 | 1 | 1 | | $x^2+y^2+z^2$ |
| $T_{1g}$ | 3 | $-2\cos(4\pi/5)$ | $-2\cos(2\pi/5)$ | 0 | $-1$ | 3 | $-2\cos(2\pi/5)$ | $-2\cos(4\pi/5)$ | 0 | $-1$ | $(R_x, R_y, R_z)$ | |
| $T_{2g}$ | 3 | $-2\cos(2\pi/5)$ | $-2\cos(4\pi/5)$ | 0 | $-1$ | 3 | $-2\cos(4\pi/5)$ | $-2\cos(2\pi/5)$ | 0 | $-1$ | | |
| $G_g$ | 4 | $-1$ | $-1$ | 1 | 0 | 4 | $-1$ | $-1$ | 1 | 0 | | |
| $H_g$ | 5 | 0 | 0 | $-1$ | 1 | 5 | 0 | 0 | $-1$ | 1 | | $[2z^2-x^2-y^2,$ $x^2-y^2,$ $xy, xz, yz]$ |
| $A_u$ | 1 | 1 | 1 | 1 | 1 | $-1$ | $-1$ | $-1$ | $-1$ | $-1$ | | |
| $T_{1u}$ | 3 | $-2\cos(4\pi/5)$ | $-2\cos(2\pi/5)$ | 0 | $-1$ | $-3$ | $2\cos(2\pi/5)$ | $2\cos(4\pi/5)$ | 0 | 1 | $(x, y, z)$ | |
| $T_{2u}$ | 3 | $-2\cos(2\pi/5)$ | $-2\cos(4\pi/5)$ | 0 | $-1$ | $-3$ | $2\cos(4\pi/5)$ | $2\cos(2\pi/5)$ | 0 | 1 | | |
| $G_g$ | 4 | $-1$ | $-1$ | 1 | 0 | $-4$ | 1 | 1 | $-1$ | 0 | | |
| $H_g$ | 5 | 0 | 0 | $-1$ | 1 | $-5$ | 0 | 0 | 1 | $-1$ | | |

－ 116 －

$$a_i = \frac{1}{h}\sum_R \chi(R)\chi_i(R)$$

ここで、$h$ は位数、$\chi_i(R)$ は $i$ 番目の既約表現の指標、$\chi(R)$ は可約表現の指標をそれぞれ表す。

この段階で原子の動きをすべてとらえたわけであるが、分子振動には含まない分子の重心移動（並進）と回転運動を取り除く。これは基底が $x, y, z$ のもの（並進）と Rx, Ry, Rz のもの（回転）を取り除いてやればよい。この作業を行うと $C_{60}$ の振動モードは下記のようになる。

$$2A_g + 3T_{1g} + 4T_{2g} + 6G_g + 8H_g + A_u + 4T_{1u} + 5T_{2u} + 6G_u + 7H_u$$

指標表とにらめっこすると 4 つの IR 活性モード（$4T_{1u}$）と 10 のラマン活性モード（$2A_g + 8H_g$）があることがわかる。実験でも 4 本の IR 吸収ピークと 10 のラマンピークが観測されている（図 5-13）。

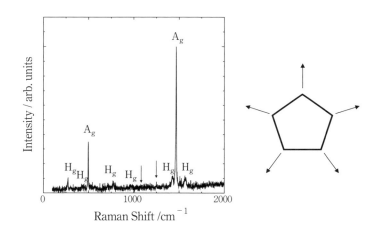

〔図 5-13〕$C_{60}$ のラマンスペクトル。図では観測されていないが矢印のところにも Hg モードがある。左 1470cm$^{-1}$ あたりに観測される最強線の全対称ペンタゴナルピンチモードの模式図。

[5] コットン、「群論の化学への応用」（丸善出版）

## 5-6. 結晶のラマン散乱（ダイヤモンドのラマンスペクトル）

　結晶のラマン散乱においても因子群解析といういかめしい名前に変わるが群論が有効なのは分子のときと基本的に変わりない（図 5-14）。結晶の単位格子内の振動を分子と同様に対称性をもとに考えることができる。しかし、結晶の場合にはもう一つ別のことを考えなくてはならない。結晶には分子に比べてたくさんの数の原子が含まれているということである。単位格子内のことだけでなく結晶内のすべての原子の振動を考えると新たな視点が必要になる。

　結晶全体における原子の変位を大きな波のようにとらえることを考える（図 5-15）。例えば、1 個の単位格子内の原子の変位が他のすべての単位格子内の原子の変位と同じであるときは結晶全体において波長が無限大の波と考える。波長の逆数をとる波数ベクトルはゼロになる。一方、単位格子内の原子の変位の向きが隣の格子と逆のとき、より正確な表現では単位格子の運動が隣の格子と位相が $\pi$ だけ異なっているときは単位格子の長さを $a$ として、波長は $2a$ になる。波数は $q = \pi/a$ となり、ブリルアンゾーン（BZ）の境界となる。この波数ベクトルの関数として格子振動の振動数をプロットしたものがフォノンの分散曲線である（図 5-16）。一般には BZ の対称性の高い点を結ぶ線上の波数ベクトルの大きさ（単

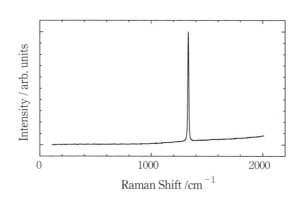

〔図 5-14〕ダイヤモンドのラマンスペクトル。

に波数ということが多い）の関数として描くことが多い。縦軸はフォノンのエネルギーである（ラマンシフトで書くと cm$^{-1}$ 単位なので縦軸も波数になってしまうが、あくまでエネルギーであることに注意）。

分散曲線は 0 から $\pi/a$ までと書いたが、一般的な単位格子の大きさは数Åであるから、仮に 5 Å として $\pi/a$ は $0.5\pi \times 10^8$ cm$^{-1}$ となる。こ

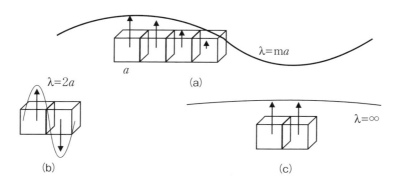

〔図 5-15〕格子定数 $a$ の立方晶で振動による原子の変位を考える。(a) は一般的なケースで格子定数 $a$ の m 倍の波にのって変位が進むと考える。(b) は一つの極限で隣同士で変位の方向が真逆。(c) はすべての格子で変位が同じで、この時は波長無限大の波にのっていると考える。

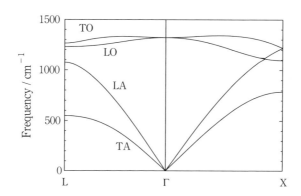

〔図 5-16〕ダイヤモンドのフォノンの分散曲線。quantum espresso ソフトウェアパッケージにより局所状態密度近似（LDA）第一原理計算で求めた。密度汎関数摂動論（DFPT）に基づいた計算から算出している。

- 119 -

れに対して、ラマン散乱光ベクトル $q_R$ の大きさは入射光ベクトル(波数ベクトル)$q_i$ と散乱光ベクトル $q_s$ の運動量保存を考え、この両者が平行のとき最大、最小となることに注意すると $q_i - q_s \leq q_R \leq q_i + q_s$ となる。入射光は可視光で波長 500 nm とすると $q_i$ が $4\pi 10^4$ cm$^{-1}$。ラマン散乱が 100 cm$^{-1}$ だとして $q_s$ は $3.98\pi 10^4$ cm$^{-1}$ 程度。したがって、$0.02\pi 10^4$ cm$^{-1}$ < $q_R$ < $7.98\pi 10^4$ cm$^{-1}$ となるがブリルアンゾーンの境界として見積もられた値と比較すると4ケタ近く小さいことがわかる。つまり、ラマン分光で観測されるのはフォノンの分散曲線のうち、ほぼ $q_R = 0$、つまりΓ点付近だけ、というのが古典的なラマン散乱の巨視的描像である。炭素材料においてはこのルールから外れるもの、すなわち電子-フォノン相互作用を取り込んだ微視的な描像も重要だが、これは次節以降にみることにする。

ダイヤモンドのフォノン分散曲線を見てみよう。Γ点で振動数がゼロになる音響モードとゼロでない値をもつ光学モードがあることがわかる。ラマン分光で観測できるのは光学モードであり、Γ点での振動数はおよそ 1300 cm$^{-1}$ であることがわかる(図5-16)。実際にダイヤモンドのラマンスペクトルを観測すると 1333 cm$^{-1}$ に1本だけピークが見える(図5-14)。なお、ラマン散乱にはフォノンが生成する(入射光エネルギー $E_i$ > 散乱光エネルギー $E_s$)ストークスラマンとフォノンが消滅する($E_i < E_s$)アンチストークスラマンとがある(図5-17)。一般には強度の大きいストークスラマンを測定することが多い。

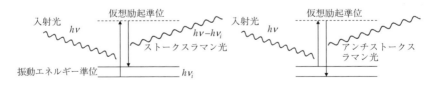

〔図5-17〕ストークスラマン散乱とアンチストークスラマン散乱。

### 5－7．黒鉛のラマンスペクトル

XRDのところで多くの炭素材料が黒鉛類似の回折図形になることを述べた。これは$sp^2$炭素の六角網面が安定な構造であるので多くの炭素材料が構成要素としてこの網面構造を有しているからである。これと同じようにラマンスペクトルにおいても多くの炭素材料で黒鉛と基本的には同じようなスペクトルが観測される（図5-18）。

黒鉛について因子群解析を適用する。点群$D_{6h}$の指標表（表5-2）を使

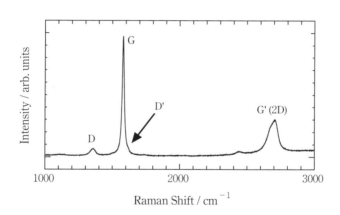

〔図5-18〕黒鉛のラマンスペクトル。D'バンドはこの図でははっきりと確認できないが図5-21の拡大図で確認できる。

〔表5-2〕点群$D_{6h}$の指標表。

|  | E | $2C_6$ | $2C_3$ | $C_2$ | $3C'_2$ | $3C''_2$ | i | $2S_3$ | $2S_6$ | $\sigma_h$ | $3\sigma_d$ | $3\sigma_v$ | linear, rotations | quadratic |
|---|---|---|---|---|---|---|---|---|---|---|---|---|---|---|
| $A_{1g}$ | 1 | 1 | 1 | 1 | 1 | 1 | 1 | 1 | 1 | 1 | 1 | 1 |  | $x^2+y^2, z^2$ |
| $A_{2g}$ | 1 | 1 | 1 | 1 | −1 | −1 | 1 | 1 | 1 | 1 | −1 | −1 | $R_z$ |  |
| $B_{1g}$ | 1 | −1 | 1 | −1 | 1 | −1 | 1 | −1 | 1 | −1 | 1 | −1 |  |  |
| $B_{2g}$ | 1 | −1 | 1 | −1 | −1 | 1 | 1 | −1 | 1 | −1 | −1 | 1 |  |  |
| $E_{1g}$ | 2 | 1 | −1 | −2 | 0 | 0 | 2 | 1 | −1 | −2 | 0 | 0 | $(R_x, R_y)$ | (xz, yz) |
| $E_{2g}$ | 2 | −1 | −1 | 2 | 0 | 0 | 2 | −1 | −1 | 2 | 0 | 0 |  | $(x^2−y^2, xy)$ |
| $A_{1u}$ | 1 | 1 | 1 | 1 | 1 | 1 | −1 | −1 | −1 | −1 | −1 | −1 |  |  |
| $A_{2u}$ | 1 | 1 | 1 | 1 | −1 | −1 | −1 | −1 | −1 | −1 | 1 | 1 | z |  |
| $B_{1u}$ | 1 | −1 | 1 | −1 | 1 | −1 | −1 | 1 | −1 | 1 | −1 | 1 |  |  |
| $B_{2u}$ | 1 | −1 | 1 | −1 | −1 | 1 | −1 | 1 | −1 | 1 | 1 | −1 |  |  |
| $E_{1u}$ | 2 | 1 | −1 | −2 | 0 | 0 | −2 | −1 | 1 | 2 | 0 | 0 | (x, y) |  |
| $E_{2u}$ | 2 | −1 | −1 | 2 | 0 | 0 | −2 | 1 | 1 | −2 | 0 | 0 |  |  |

って振動の可約表現を簡約すると下記のようになる。

$$A_{2u}+E_{1u}+A_{2u}+E_{1u}+2E_{2g}+2B_{2g}$$

このうち、最初の $A_{2u}+E_{1u}$ は音響モード、次の $A_{2u}+E_{1u}$ は IR 活性、$2E_{2g}$ がラマン活性、$2B_{2g}$ は光学不活性である。したがって、黒鉛のラマン散乱ピークとして2本の $2E_{2g}$ ピークが観測されることが予測される。しかし、実際にはそのうちの一つはラマンシフトが 42 cm$^{-1}$ しかなく、あまりにもレーリー光（入射光と同じエネルギーの散乱光）に近すぎて測定されることが少ない（図 5-18）。レーリー光はラマン光に比べて桁違いに強度が大きく検出器を痛めることから、通常の実験装置ではこの光をカットするようになっているからである。もう一つの $E_{2g}$ (1582 cm$^{-1}$) は面内の隣り合う原子が互い違いに動くずれモードで結晶性の良い黒鉛では強く観測され、G バンドとよばれる（図 5-19）。この Γ 点の $E_{2g}$ モードは2重縮退している。

実際の黒鉛のラマン測定では G バンド以外に多数のピークが観測される。1350 cm$^{-1}$ 付近に D バンド、G バンドのすぐ近く 1600 cm$^{-1}$ 付近に D'バンド、D バンドの波数のちょうど倍くらいの 2700 cm$^{-1}$ 付近に G'

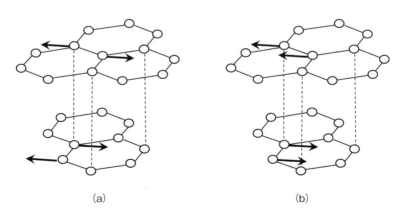

〔図 5-19〕黒鉛の2つの $E_{2g}$ モード。(a) 1582 cm$^{-1}$、(b) 42 cm$^{-1}$ であるがレーリー光に近い (b) は一般的な測定では観測されない。

バンド（2D バンド）が観測される。黒鉛のフォノンの分散曲線をみるともっとも高エネルギーのもので 1650 cm$^{-1}$ くらいであることから D'より高波数のラマンは 1 フォノンではないことがわかる（図 5-20）。すでに上の議論で明らかであるが、これらのバンドに対応するフォノンの波数ベクトルは Γ 点ではない。D' は Γ 点の近くであるが D は K 点近くのフォノンによる。G'(2D) は D に近いフォノン 2 つ分である（次節以降を参照）。前の節で説明したようにこれらのバンドは古典的な巨視的描像では説明ができないものであり、電子 - フォノン相互作用を取り込んだ量子力学的な解析が必要である。

 D と D' は結晶性の高い黒鉛では観測されず、欠陥の多い試料でよく観察される。一方、G'(2D) は結晶性が高くても観測される。5-9 節で詳しく述べるが、単層のきれいなグラフェンではこの G'(2D) のほうが G よりも強度が大きいことが知られている。D, D', G'いずれも入射光のエネルギーが変わると異なるラマンシフト位置に観測される。これは、古典的な描像では説明できない。D バンドは入射光のエネルギーが 1 eV 変わるとおおよそ 40-50 cm$^{-1}$ 変化する（図 5-21）。G'(2D) バンドの変化

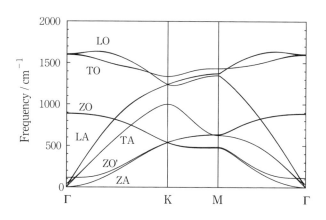

〔図 5-20〕黒鉛のフォノンの分散曲線。quantum espresso ソフトウェアパッケージにより局所状態密度近似（LDA）第一原理計算で求めた。密度汎関数摂動論（DFPT）に基づいた計算から算出している。

量はおよそDバンドの2倍である。また、Dバンドのラマンシフトはストークスとアンチストークスで異なることも知られている。

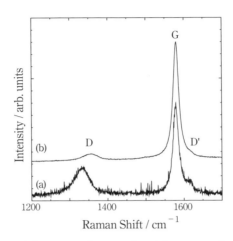

〔図5-21〕励起波長 (a) 633 nm (1.96 eV)、(b) 532 nm (2.33 eV) で測定した黒鉛のラマンスペクトル。Gバンドのピーク位置がほとんど変化していないのに対し、Dバンドのピーク位置が約20 cm$^{-1}$シフトしているのがわかる。

## 5－8．共鳴ラマン散乱（Gバンドの詳細）

　黒鉛のラマン散乱を理解するには共鳴ラマン散乱を理解しなければならない。やっかいなことに、単純な共鳴ラマン散乱だけでなく二重共鳴ラマン散乱という考え方が必要である。

　まず、単純な共鳴ラマンをみていこう。共鳴ラマン効果は入射光（あるいは散乱光）のエネルギーが電子遷移エネルギー（分子であれば占有軌道と非占有軌道のエネルギー差）にほぼ等しくなるとき散乱強度がきわめて大きくなる現象である（図5-22）。5-10節に詳述するがSWCNTではカイラリティ $(n, m)$ ごとに電子遷移エネルギーが異なるため、入射エネルギーを変えると異なるカイラリティのチューブの情報を得ることができる。

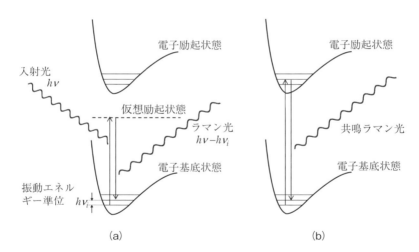

〔図5-22〕(a) 通常のラマン散乱（ストークスラマン）。入射光により仮想的にエネルギー準位の高い状態を経て振動エネルギー準位が一段高いところへ戻る過程を示している。これにより入射光より振動エネルギー分だけ低いラマン光が散乱する。(b) では (a) の仮想励起状態が実際の電子の励起状態になった場合を示している。すなわち、入射光エネルギーが電子の励起エネルギーに一致する場合を示している。このときラマン散乱強度が著しく増強される。

## 第5章 ナノカーボンの分析

グラフェンはゼロギャップの金属（半導体）であることを3章でみた。黒鉛もほぼ同様な電子構造を有している。こうした、金属あるいは半金属においてはおおむねどのようなエネルギーの入射光が入ってきても電子遷移がおこる（図5-23）。すなわち、黒鉛やグラフェンではいつも共鳴条件を満たしていることになる。黒鉛のGバンドはそのフォノンの波数ベクトルはほぼゼロ、すなわちΓ点でありごく一般的なラマンとして扱ってきたが、これも共鳴ラマン散乱である。一方、D, D', G'(2D)のフォノン波数ベクトルはいずれもゼロではなく古典的描像では説明できないものであるが、こちらは二重共鳴ラマンにより説明される。

フォノンには生成と消滅があり、共鳴には入射光共鳴と散乱光共鳴があるため複雑である。話を簡単にするため、フォノンの生成と入射光共鳴の場合に限定して話をすすめる。

まず、Gバンドの共鳴ラマンをみていこう。

(1) グラフェンはゼロギャップ、すなわち価電子帯と伝導帯が接しているのであるが、それは逆空間のK点でである。

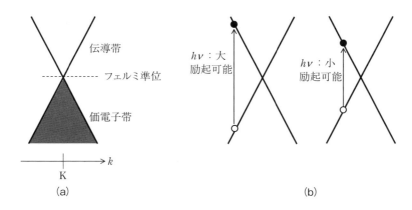

〔図5-23〕(a) グラフェンのK点まわりの電子構造。ゼロギャップで価電子帯と伝導帯がつながっている。価電子帯と伝導帯がクロスしたところがフェルミ準位となる。このK点まわりでは入射光のエネルギーが多少変化しても電子の励起が可能である。(b)に入射光の大小により励起される電子の位置（すなわち波数ベクトル$k$）が変わるが励起可能であることが示されている。

- 126 -

(2) K 点付近で入射光により価電子帯から伝導帯へ電子遷移が起こる。遷移した先は入射光共鳴であるので許される電子状態でなければならない。
(3) 励起した電子はフォノン (q=0) を生成して非弾性散乱 (エネルギーが変化する) される。この場合は電子の波数ベクトルが変化していないため遷移前の状態に戻ることができる (図 5-24)。生成されるフォノンは q=0 すなわちフォノン分散曲線の Γ 点の光学モードとなり、G バンドがこれに対応する。

入射光のエネルギーが変わっても共鳴はできるが q=0 の条件は変わらないので、G バンドのラマンシフトに変化は起こらない。
G バンドはコーン異常のために約 $80\ \mathrm{cm}^{-1}$ 低くなっている (ソフト化されている) ことが知られている。黒鉛のフォノン分散曲線で Γ 点の $1580\ \mathrm{cm}^{-1}$ くらいのところをみると Γ 点にむかってこのソフト化がみえる。

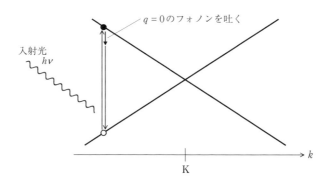

〔図 5-24〕G バンドの共鳴ラマン散乱。図 5-23 と見比べること。

○第5章　ナノカーボンの分析

## ５－９. 二重共鳴ラマン散乱（Dバンドの詳細）

　次に、D, D', G'(2D) の二重共鳴ラマンをみていこう [6-8]。今回も入射光共鳴を仮定するので前節の (1)、(2) から始まる。しかし、今度はフォノンの波数ベクトル $q \neq 0$ の場合でもラマン散乱可能ということを示さなければならない。前節の (1)(2) が図5-25の①に対応する。

(4) 入射光で励起された電子はフォノン（$q \neq 0$）を生成して非弾性散乱される（図5-25の②に対応）。散乱されていきついた先が許される電子状態であるかどうかが重要である（二重共鳴ラマンの条件でこれを満たさないとラマン散乱強度は大きくならない）。いきつく先としては電子のエネルギー変化が小さいことを考えるとK点付近かK'点付近かになる。フェルミエネルギー近傍で準位をもつのはK(K')点まわりだけだからである。この２つの行先への散乱は、もとの電子がK点で励起されているので、K点-K点付近での散乱（intra-valley scattering: 谷内散乱、図5-25の (a)）とK点-K'点付近での散乱（inter-valley scattering: 谷間散乱、図5-25の (b)、(c)）とがある。谷内散乱のときのqは小さく、谷間散乱のqは大きくなる。

(5) フォノンで非弾性散乱された電子は結晶中の欠陥などで弾性散乱される（エネルギーのやり取りなし、図5-25の (a)、(b) の③）か、もう一度フォノンで非弾性散乱する（もう一つフォノンが生成、図5-24の (c) の②'）かして励起した電子と同じ波数ベクトルに戻らないといけない。

(6) (5) のフォノンの波数ベクトルの大きさはΓ点から取りなおして考える必要がある。したがって、谷内散乱のときはqは小さくフォノン分散曲線のΓ点付近、谷間散乱のときはqは大きくなりK点付近をみなければならない。

　大変に面倒なプロセスであるが、これにより D, D', G'(2D) バンドの $q \neq 0$ のフォノンによるラマン散乱が説明できた。
　D, D'バンドは欠陥の多い試料でよく観察されるがこれは (5) の欠陥

－ 128 －

による弾性散乱を必要とするためである。一方、G'(2D) バンドはフォノン 2 つで散乱されるため欠陥を必要とせず、また、G'(2D) バンドのラマンシフトエネルギーはちょうど D バンドの倍 "くらい" になることも理解できる。しかしながら、厳密に倍である必要はないので G'(2D) バンドは厳密な意味での D バンドの倍音ではないことに注意したい。

D バンドのラマンシフト波数は入射光エネルギーに応じて（比例的に 40-50 cm$^{-1}$/1 eV）変化することを 5-7 節でみてきた。これは入射光エネ

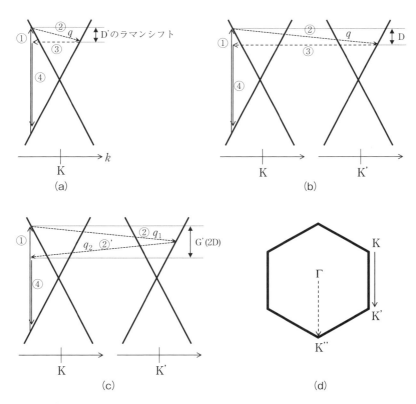

〔図 5-25〕(a) D'、(b) D、(c) G'(2D) バンドの二重共鳴ラマン散乱プロセスの模式図。いずれも②がフォノンを吐くプロセスであるが、(a) の $q$ は小さく、(b)、(c) はおよそ Γ-K の $q$ になる（(d)）ことに注意。(d) は逆格子を示しており、3 章の図 3-8 などを参照。

ルギーが変わると (5) で生成するフォノンの波数ベクトルが変化する（いきつく先が許される状態になるよう）ことに関係している（図5-26）。また、フォノン分散曲線でK点付近で波数ベクトルの大きさが変わると、TOモードのエネルギーが直線的に変化することとも関係している。

さて、上の議論からDバンドに関わるフォノンの波数ベクトルの大きさはK点くらいの大きさになることがわかった。分散曲線でK点付近、振動エネルギー1300 cm$^{-1}$くらいのところを探すと前節でみた$A_1'$(TO)のモードがみつかる [9, 10]。これがDバンドの起源と考えられる（図5-27）。

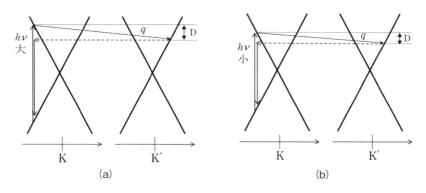

〔図5-26〕入射光エネルギーが異なるときのDバンドの二重共鳴ラマン散乱プロセスの模式図。(a)と(b)では$q$の値がわずかに異なることに注意。

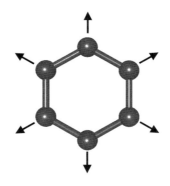

〔図5-27〕Dバンド（K点の$A_1'$モード）の振動の模式図。

なお、5-7 節で因子群解析を行ったときには $A_1$' は登場していない。これは $\Gamma$ 点と K 点で適応すべき点群が異なるためである。$\Gamma$ 点では $C_{6v}$ を使用したが K 点では $C_{3v}$ になることに注意が必要である。

　前節で G バンドはコーン異常によるソフト化が起こっていることをみたが、このソフト化は $\Gamma$ 点だけでなく K 点でも観察される。TO 曲線は K 点のところでソフト化していることがみえる。コーン異常は電子 - フォノン相互作用により強められる。$\Gamma$ 点の $E_{2g}$ モードおよび K 点での $A_1$' モードはともに最も強い電子 - フォノン相互作用を有しており、その結果フォノンのソフト化が顕著に観測される。

[6] C. Thomsen, et al., Phys. Rev. Lett., 85, 5214-5217, (2000).

[7] R. Saito, et al., Phys. Rev. Lett., 88, 027401-1-4, (2002).

[8] J. Maultzsch, et al., Phys. Rev. B, 70, 155403-1-9, (2004).

[9] J. Maultzsch, et al., Phys. Rev. Lett., 92, 075501-1-4, (2004).

[10] L. M. Malard, et al., Phys. Rev. B, 79, 125426-1-8, (2009).

## 5−10. グラフェンのラマンスペクトル

　グラフェンのラマンスペクトルは基本的に黒鉛のものとほぼ同じである。すでに述べたように単層で欠陥の少ないグラフェンにおいてはGバンドよりもG'(2D)バンドのほうが強度が大きく観測される。

　黒鉛のG'(2D)バンドは低波数側にショルダーを持つことが多く、ピーク位置は単層グラフェンのG'(2D)バンドより高波数側になる。これは、層数が多くなり電子の許される状態が増えるとG'(2D)バンドに必要な二重共鳴条件を満足するフォノンの組み合わせが増えるためと理解できる（図5-28）。その結果フォノンの振動エネルギーに幅ができるため、多層グラフェンにおいてG'(2D)にショルダーピークができたり、半値幅が広くなったりする。これを利用して、G'(2D)の強度、半値幅、ピーク位置などからグラフェンの層数を議論する試みがある[11]。

　アームチェア端とジグザグ端でDバンドの散乱強度が異なることが報告されている[12]。Dバンドは谷間散乱で大きくK点とK'点の間を

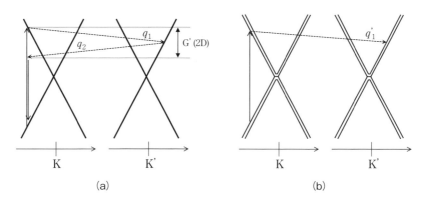

〔図5-28〕(a) 単層と (b) 多層グラフェンのG'(2D)バンドの散乱プロセスの違い。(b) の$q'_1$の行先を内側の線のところに描いているが、もちろん外側に行ってもよい。また、いきついたさきから$q'_2$が折り返されるので(a)にくらべて許されるフォノンの波数に幅ができる。フォノンの波数に幅ができることはG'(2D)バンドの散乱エネルギーに幅ができることを意味する。これによりG'(2D)バンドのピークがブロードになることが予測できる。

散乱することをみた。このときの弾性散乱は何らかの欠陥と述べたが、グラフェン面のエッジでも起こる。ただし、弾性散乱はエッジ（直線で表す）に対して90度で起こることを考慮すると、アームチェア端ではうまく谷間散乱を起こせるが、ジグザグ端ではあらぬ方向に散乱されてしまい二重共鳴条件を満足できなくなる（図5-29）。したがって、ジグザグ端が多いグラフェンではDバンドの強度が小さくなる。

グラフェンはゼロギャップ半導体であるのでドナー・アクセプターどちらをドープしても電気伝導キャリアを導入できる。5-8節で、Γ点のところでコーン異常がありGバンドの振動数が80 cm$^{-1}$程度ソフト化していることをみた。ドーピングを行うとフェルミエネルギー$E_F$が変化し、ディラクポイントから$E_F$がずれる。これによりコーン異常によるソフト化が緩和し、Gバンドが高波数シフトする。しかし、ドーピングによりC-C結合に大きな変化を与えるような場合はこうした一般論から外れることも多い。

GバンドすなわちΓ点の$E_{2g}$モードは2重縮退していることを5-7節

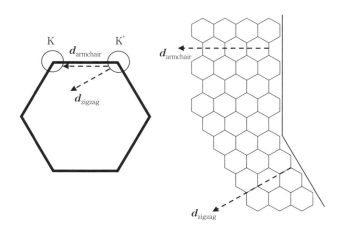

〔図5-29〕Dバンドの散乱にはK'点まわりからK点まわりへの弾性散乱が必要である。ジグザグエッジの弾性散乱ではうまくK点に戻ることができない。なお、左の逆格子の六角形と右の実格子の六角形はちょうど90度回転したような関係になっていることに注意したい（3章）。

に記した。フォノンの分散曲線をみるとこの縮退は LO と TO の 2 つであることがわかる（図 5-30）。グラフェンにひずみがかかるとこの縮退は解け G バンドは 2 つのピーク $G^+$ と $G^-$ に分裂する [13]。低波数側が $G^-$ (TO)、高波数側が $G^+$(LO) である。$G^+$ は面内の炭素原子のずれの動きがひずみに対して垂直方向、$G^-$ はひずみの方向と平行方向になっている（図 5-31）。このことを確かめるため、グラフェンを意図的に 0.3% 程度ひずませたモデルでフォノンの分散曲線を行った結果が図 5-32 である。

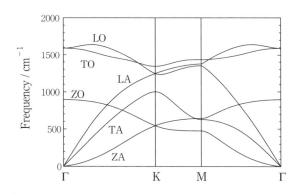

〔図 5-30〕図 5-20 と同じ方法で求めたグラフェンのフォノン分散曲線。

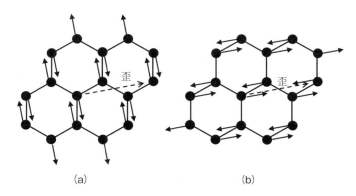

〔図 5-31〕(a) $G^+$ と (b) $G^-$ の原子変位方向（実線矢印）とひずみ方向（破線矢印）の関係。

Γ点で縮退していたLO、TOモードはひずみが入ることで分裂し高波数側にLO、低波数側にTOとなることがわかる。

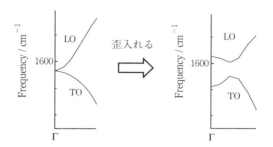

〔図5-32〕ひずみ導入前後でのフォノンの分散曲線の変化をΓ点まわりのLO, TOモードに注目して拡大した図。

[11] A. C. Ferrari, et al., Phys. Rev. Lett., 97, 187401-1-4, (2006).
[12] L. G. Cançado, et al., Phys. Rev. Lett., 93, 247401-1-4, (2004).
[13] T. M. G. Mohiuddin, et al., Phys. Rev. B, 79, 205433-1-8, (2009).

## 5-11. カーボンナノチューブのラマンスペクトル

SWCNT のラマンスペクトルには低波数側に Radial Breathing Mode (RBM) と呼ばれるピークが観測される。RBM はチューブ軸に垂直方向に全対称的にチューブ径が大きくなったり小さくなったりするようなモードである。RBM のピーク位置は直径 $d$ (nm) の逆数に比例することが知られており、いくつかの関係式が提案されている（表 5-3）。これにより 3-3 節の片浦プロットの横軸を RBM のラマンシフトで書くこともできる。

〔表 5-3〕RBM ピーク位置から SWCNT 直径 $d$(nm) を求める関係式。

| | 関係式（$\nu_{RBM}$は観測された RBM 波数 (cm$^{-1}$)） | 備考 |
|---|---|---|
| S. Bandow et al. [14] | $d = 223.75/\nu_{RBM}$ | 孤立チューブ |
| L. Alverz et al. [15] | $d = 232/(\nu_{RBM} - 6.5)$ | バンドル |
| A. Jorio et al. [16] | $d = 248/\nu_{RBM}$ | 孤立チューブ |
| S. M. Bachilo et al. [17] | $d = 223.5/(\nu_{RBM} - 12.5)$ | バルク試料 |

前節でグラフェンにひずみを与えると G バンドが G$^+$、G$^-$ の 2 つにわかれることをみた。2 重縮退していた $E_{2g}$ モードがひずみにより LO と TO の 2 つのモードに分裂する。SWCNT はチューブ軸に垂直方向（円周

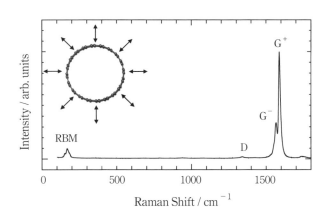

〔図 5-33〕SWCNT のラマンスペクトルと RBM の振動モードの模式図。低波数領域に観測される RBM と G バンドが G$^+$ と G$^-$ の 2 つにスプリットすることが特徴。D バンド強度が小さく結晶性が高い試料。

方向) にひずみがかかったような状態であり、G⁺ (高波数側)、G⁻ (低波数側) の2つのピークを観察することができる (図 5-33)。

SWCNT はカイラリティ $(n, m)$ で直径や電子構造を表せることを学んだ (3-4 節参照)。電子の状態密度は特徴的でファンホーブ特異点 (VHS) で状態密度が非常に大きくなる。フェルミ準位に近いところから VHS に番号をふり、価電子帯と伝導帯の VHS 間のエネルギーを $E_{11}$ などのように表す。$n-m$ が3の倍数である金属チューブではこの $E_{11}$ のかわりに $M_{11}$ と書いたり、半導体チューブでは $S_{11}$ のように書いたりもする。

さて、5-8 節で共鳴ラマンの説明をした。電子の遷移エネルギーとマッチする入射光エネルギーのときにラマン強度が著しく大きくなる。SWCNT の場合にはこの電子の遷移エネルギーとして上に書いた $E_{ii}$ が重要になる。価電子帯と伝導帯の VHS の電子の波数ベクトルは一致しているので VHS 間の電子遷移が支配的になるからである。つまり、$E_{ii}$ に

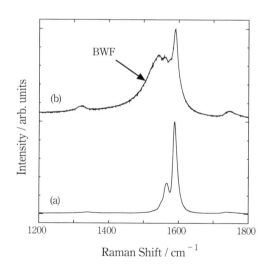

〔図 5-34〕平均直径約 1.5 nm の同一の SWCNT 試料を励起光源を変えて測定したラマンスペクトル。(a) 532 nm、(b) 633 nm でそれぞれ励起したもの。633 nm で励起すると金属チューブが共鳴し、G バンドのピークプロファイルが低波数側に膨らむ (BWF と書いた部分)。

○第5章　ナノカーボンの分析

一致する光を入射すると共鳴によりラマン強度が増大する。実際には、SWCNT 試料にはたくさんのカイラリティのチューブが含まれているのだが、おもに入射光に共鳴したチューブを選択的に観察することになる。したがって、SWCNT のラマンスペクトルは試料の平均情報ではないことに注意しないといけない。共鳴条件を知るには横軸にチューブ径、縦軸に $E_{ii}$（一般には $M_{11}$、$S_{11}$、$S_{22}$）のエネルギーをプロットした片浦プロットが便利である。入射光のエネルギーで横線をひき、線上にあるプロットの $(n, m)$ をみることでどのカイラリティのチューブが共鳴しているかがわかる。

　金属チューブでは G バンドのピークが低波数側にブロードになる特徴的なプロファイルが観測される（図 5-34）。このプロファイルは Breight Wigner Fano（BWF）型関数でうまくフィットできることが知られている。このような特徴的なプロファイルは金属中の自由電子によるものであり、金属 SWCNT に限らずアルカリ金属を挿入した黒鉛層間化合物などでも観測されている。

[14] S. Bandow, et al., Phys. Rev. Lett., 80, 3779, (1998).
[15] L. Alvarez, et al., Chem. Phys. Lett., 316, 186, (2000).
[16] A. Jorio, et al., Phys. Rev. Lett., 86, 1118, (2001).
[17] S. M. Bachilo, et al., Science, 298, 2361, (2002).

## 5-12. NMRとESR

　NMRとESRは核と電子の違いはあるが、磁場により分裂させられた準位間のエネルギー差を電磁波により検出する手法である（図5-35）。

　NMRは原子核のスピンをみることにより、その原子の置かれた環境に関する情報を得ることができる。磁場中のエネルギー準位の分裂幅は原子ごとに異なり、共鳴する電磁波の周波数により原子種ごとの情報が得られるだけでなく共鳴周波数のわずかなずれからその原子の置かれている環境を読み取ることができる。このため、有機分子の構造解析には必須のツールとなっている。

　すべての原子が検出できるわけではなく、核スピン量子数 I がゼロのものは検出できない。一般に陽子数と中性子数がともに偶数の原子はI＝0、陽子数と中性子数の合計が奇数のものはIが半整数（1/2、3/2など）、陽子数と中性子数がともに奇数のものはIが整数となる。したがって、炭素の場合は陽子数と中性子数がともに6である天然存在比98.9%の$^{12}$Cは測定対象にならず、天然存在比わずか1.1%の$^{13}$Cがおもな測定対象となる。また、フラーレンなどを除くと炭素材料の多くは溶媒に溶けにくく、固体状態でのNMR測定が求められる。しかし、固体状態でNMRを測定するとa) 磁気双極子相互作用、b) 化学シフト異方性、c) 核四極子相互作用などによりスペクトルがブロードになる。このうちc) は核ス

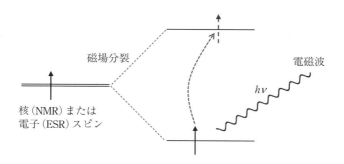

〔図 5-35〕NMR, ESRの簡単な原理図。磁場分裂した準位間に分裂幅のエネルギーに等しい電磁波を照射すると共鳴的に吸収が起こる。

ピンが1/2より大きなもので起こるのでI=1/2の$^{13}$Cでは問題ではない。a) とb) の影響を小さくするために試料を静磁場に対してマジック角（$3\cos^2\theta-1=0$となる$\theta=54.7°$）で高速回転して測定（MAS測定）することが行われる（図5-36）。希薄核である$^{13}$Cの感度の低さを補うため$^1$Hとの交差分極（CP）を行ったうえでMAS測定するCP/MAS測定が固体高分子試料ではよく行われるが、$^1$Hの少ない固体炭素材料には有効ではない。

さて、そのような中で行われたフラーレンC$_{60}$結晶固体のNMRスペクトルは多くの人を驚かせた。溶液のスペクトルかと見まがうほどシャープな一本のピークが観測されたのである。ピークが一本であるのはC$_{60}$中の炭素原子がすべて同じ対称性を有しているからであるが、線幅が細いのは結晶中でC$_{60}$分子が高速回転しているためである（図5-37）。C$_{60}$分子が高速回転するのはC$_{60}$結晶中だけではなく、ナノチューブの

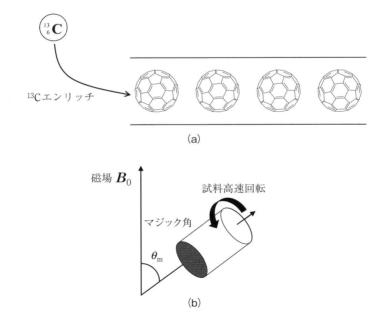

〔図5-36〕固体炭素材料のNMR測定でよく利用される（a）$^{13}$Cのエンリッチと（b）MAS測定の模式図。

中（$C_{60}$@SWCNT）でも確認された。$C_{60}$@SWCNT について $^{13}$C-NMR 測定すると当然、SWCNT からの情報も入ってしまうので、$C_{60}$ 分子を $^{13}$C でエンリッチしておくことで見分けることが行われた。$C_{60}$ については $^{13}$C-$^{13}$C の双極子相互作用を利用して結合距離を評価することも行われた。フラーレンポリマーのように $sp^2$ 炭素と $sp^3$ 炭素から構成される炭素材料についてその原子数比を評価することは一般にかなり難しいが、これを NMR で行った例がある。また、金属・半導体 SWCNT を NMR の緩和時間で区別することも行われている。

さて、ナノカーボン試料の材料応用の研究に NMR を利用する場合は測定核種は炭素には限らない。SWCNT をリチウムイオン電池や次世代蓄電池に応用する研究においてはリチウムイオンの挿入サイトや貯蔵されたイオンの状態を調べる目的で NMR が利用される（図 5-38）。

一方、ESR は物質中の不対電子によるスピンを観測するものである。固体炭素材料の欠陥評価などに利用されるほか内包フラーレンの磁性評価などに利用されている。

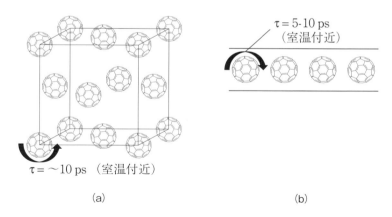

〔図 5-37〕$C_{60}$ 分子の室温での回転相関時間 $\tau$ は（a）バルク結晶中約 10 ピコ秒、（b）$C_{60}$ ピーポッド中で約 5-10 ピコ秒と NMR 測定から見積もられている [18]。

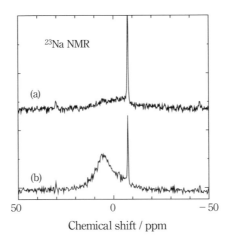

〔図 5-38〕コロネンの重合体（グラフェン様巨大分子）を次世代蓄電池である Na イオン電池電極として評価したもの。(a) は放電電位 1 V（Na/Na$^+$ 基準）の試料で電解質の NaBr 由来のシャープなピークしか観測されていない。(b) は放電電位 0.001 V の試料で約 5 ppm にブロードなピークが観測される。これは試料中に取り込まれた Na イオンによるもので化学シフトの値から完全なイオンでも金属でもない状態であることが理解できる [19]。

[18] K. Matsuda, et al., Phys. Rev. B, 77, 075421-1-6, (2007).

[19] T. Hayakawa, et al., RSC Adv., 6, 22069-22073, (2016).

## 5-13. 熱分析測定

　一般に熱分析測定は試料を加熱・冷却したときに試料に生じる変化を測定するものである。一方、熱量測定（カロリメトリー）は必ずしも試料を加熱・冷却するものではなく溶解熱や浸漬熱などの測定もあるが、ここではこうした測定も含めて熱分析と呼ぶことにする。熱分析測定の代表的なものとして熱重量測定（TG）、示差熱分析測定（DTA）、示差走査熱量測定（DSC）があげられ、ナノカーボンの研究にも多用される。

　$C_{60}$ 結晶中の分子の回転の仕方は室温と低温で異なっている。約 260 K でのこの相転移は XRD ではほとんど変化ないように見えるが、DSC で明瞭にピークとしてとらえられている。すでに述べたように、熱量測定はこうした相転移の検出だけでなく、生成熱の決定のような目的でも行われる。SWCNT はカイラリティにより直径が異なるだけでなく電子構造も変化するので基礎的な物性もカイラリティごとに変化すると考えるのが自然である。残念ながら現状ではカイラリティを規定したナノチューブを熱量測定できるほど用意することは困難である。そのようなこともあり SWCNT の熱量測定の実験報告はかなり少なく、測定結果の幅も大きい（図 5-39）。報告されている SWCNT の生成熱はダイヤモンドと $C_{60}$ の中間になっている [20]。

　TG は試料を加熱する過程での重量変化を測定するというきわめて原始的な実験であるが SWCNT の実験的研究を実施するうえで欠かせない測定である。すでに何度も述べているように一般の試薬とは異なり、

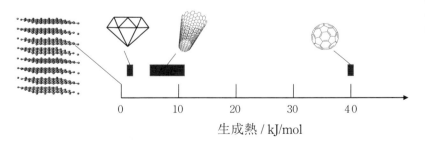

〔図 5-39〕炭素同素体の生成熱のまとめ（2-1 節参照）。

SWCNT 試料は結晶性、純度がともに高いということはまずないと考えてよい。不純物として触媒金属、アモルファスカーボンを含んでいることが普通であり、表面官能基や構造欠陥が全くない試料はない。もちろん、それらをできる限り少なくするように精製処理を行い、高温でのアニーリングを行うわけであるが、その過程で TG 測定が重要となる (図 5-40)。残留触媒の定量は酸化雰囲気で SWCNT の TG 曲線を測定し、SWCNT の酸化除去後の重量から見積もる。このとき、触媒金属も酸化されていることに注意して金属不純物量の見積もりを行わなければならない。結晶性の評価は酸化雰囲気や昇温レートをうまく工夫して、酸化開始温度の差で評価する。具体的には窒素ガスにわずかに酸素ガスを混合したガス雰囲気下で 5℃/min 程度で昇温を行うと、結晶性の低いアモルファスカーボンと結晶性の良い SWCNT では数百度の酸化開始温度の差がみ

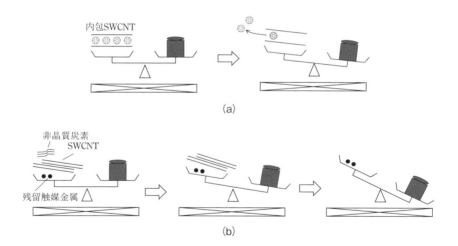

〔図 5-40〕昇華性分子内包 SWCNT を加熱すると内包分子の昇華による重量減少が TG で確認できる ((a))。(b) 未精製 SWCNT には非晶質炭素や金属触媒が不純物として含まれている。SWCNT より酸化されやすい非晶質炭素による重量減少に続いて SWCNT の燃焼がおこる。これにより SWCNT の含有量を確認できる。ただし、最終的に残留する触媒は酸化物になっていることが多いので含有量の計算には注意が必要である。

られるはずである。

　昇華性分子を内包した SWCNT では TG により内包分子量の測定が可能である（図 5-41）。窒素ガス雰囲気でピーポッド試料を加熱して重量減少を測定することにより内包量を見積もることができる。面白いのは内包分子の重量減少が始まる温度がバルク試料のときにくらべてかなり高くなることである。これは SWCNT の内表面に働くポテンシャルにより内包分子が安定化を受けていることを示している。直径をかえて同様の実験を行うと直径が小さい SWCNT ほど内包分子の昇華開始温度が高くなることが確認できる。

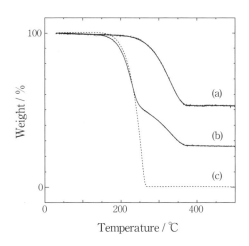

〔図 5-41〕(a) S@SWCNT（洗浄処理しチューブ側面の硫黄を除去）、(b) 未洗浄 S@SWCNT、(c) 粉末硫黄試料の TG 曲線。バルク試料では約 200℃ から硫黄の昇華が確認できる。(b) にはチューブ側面に硫黄試料が残っているためバルク試料と同じ温度から昇華する。(a) から内包硫黄の昇華温度が約 100℃ 高くなっていることがわかる。

[20] A. A. Levchenko, et al., Carbon, 49, 949-954, (2011).

## 5 − 14. 光電子分光、X 線吸収分光

X 線光電子分光（XPS）と X 線吸収分光（XAFS）はともに X 線により励起された電子を利用した分光法である。

XPS は X 線（Mg や Al の特性線を使うことが多い）で励起した光電子の運動エネルギーを測定することによって主に内殻電子の軌道エネルギー（束縛エネルギー）を評価するものである（図 5-42）。ナノカーボンのような炭素材料では C1$s$ の束縛エネルギーをみることが多い。C1$s$ の束縛エネルギーは約 284.5 eV であるが、炭素原子が置かれている環境により変化する。これを化学シフトというが、化学シフトの大小で炭素原子の結合状態などを評価する。例えば、SWCNT をフッ素化した試料の C1$s$ XPS スペクトルを測定すると図 5-43 のようになる。高エネルギー側のピークがフッ素が付加した炭素に対応しており、フッ素に炭素原子の電子がいくらか持っていかれるため手薄になった電子が原子核に引かれるため束縛エネルギーが大きくなっている。一方の低エネルギー側のピークは裸の炭素、$sp^2$ 炭素である。2 つのピークの面積比は $sp^2$ 炭素とフ

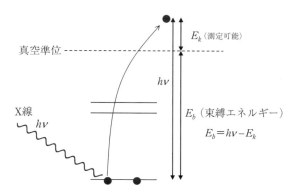

〔図 5-42〕XPS による束縛エネルギー $E_b$ 測定の模式図。エネルギー既知（$h\nu$）の X 線を試料に入射し光電子を得る。光電子の運動エネルギー $E_k$ は測定することが可能であり、これを用いて $E_b = h\nu - E_k$ から試料中の電子の束縛エネルギーを求めることができる。束縛エネルギーの値は原子が置かれている化学状態により変化するので $E_b$ を測定することで化学状態を議論することができる。

ッ素が付加した $sp^3$ 炭素の原子数比に対応しており、フッ素付加量の定量がこの測定で可能である。フッ素のように化学シフトの大きな元素の場合には C1s スペクトルの解析により元素の定量が比較的容易である。窒素のような場合には N1s スペクトルを測定し C1s との積分強度比から元素量を見積もるようなことは一応可能である。しかし、この場合にはエネルギー領域が離れているので XPS の検出感度が異なっており、感度因子による補正が必要となる。

また、XPS は物質から飛び出してきた光電子を検出するので、エネルギーにより脱出深さは異なるものの一般的に物質の表面付近の情報と理解される。したがって、試料が均一でない場合や、表面皮膜があるような試料で XPS による元素分析を行うことは避けなければならない。逆に表面付近しかみていないことを利用して、エッチングを行いながら XPS 測定を行うことで深さ方向の元素分析などを行うことが可能であ

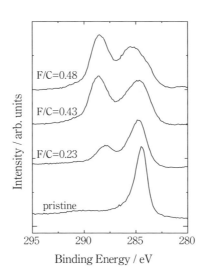

〔図 5-43〕SWCNT にフッ素を付加させた試料の C1s XPS スペクトル。低エネルギー側のピークが $sp^2$ 炭素、高エネルギー側がフッ素付加した $sp^3$ 炭素にそれぞれ対応する。

る。平滑試料であればエッチングを行わなくても試料を傾けるだけで脱出深さが変わるので深さ方向の情報を得ることができる（図5-44）。

　XAFSは文字通り、X線の吸収をみる実験方法である。X線の吸収は可視・紫外光の吸収と同様、電子の励起によるものである。可視・紫外光の場合にはエネルギー幅が比較的小さい占有-非占有軌道間の遷移になるのに対してXAFSではこの幅がX線領域になる遷移となる。したがって、炭素材料の場合には内殻の$1s$軌道から非占有軌道の$\pi^*$、$\sigma^*$への遷移を主にみることになる。この$\pi^*$、$\sigma^*$による吸収端近傍スペクトル（XANES）のピーク位置から$sp^3$と$sp^2$炭素の比を求めるような試みがある。XANESよりさらに広い領域のスペクトル（EXAFS）から原子間距離、配位数などの情報を得ることが一般には行われるが、炭素材料の場合にはEXAFS領域に他の軽元素の吸収端がくるため測定は容易ではない。

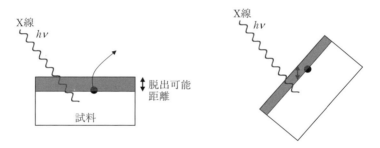

〔図5-44〕光電子の脱出可能距離は試料ごとに決まっている。試料を傾けると図のように表面近傍の情報を強く得ることになる。

## 5-15. 紫外-可視-近赤外吸収・発光

　可視光および可視光に近い紫外光の吸収実験（UV-Vis 吸収）はその光エネルギーが多くの分子の HOMO-LUMO ギャップに近いため、価電子付近の電子準位に関する情報が得られ、分子の同定などに便利でよく利用されている（図 5-45）。

　フラーレン類の UV-Vis 測定はクレッチマーによる大量合成法の発見直後から多くの報告がある。単に HOMO-LUMO ギャップを議論するだけでなく、$C_{60}$ のガス相の UV-Vis スペクトルを温度を変えて測定し蒸発熱を見積もることなども行われている。これに対して、グラフェンはゼロギャップを反映して全可視光波長域にわたり単調に吸収が観測される。グラフェン一層で可視光の約 2.3% を吸収するとされている。たった一層で 2.3% 吸収するとみるか、一層であれば 97.7% 透過するとみるかは視点の違いである。光通信の受光アンテナにグラフェンを応用するのであれば光吸収特性が重要になる。一方、透明導電膜に利用するときにはグラフェンの良好な電気伝導性に加えて、97.7% の光透過性能というのがきわめて重要なファクターとなる。

　SWCNT の光吸収はその特異な電子構造を反映して大変に興味深い。3 章で述べたように SWCNT はカイラリティにより金属・半導体になるだけでなく、ファンホーブ特異点（VHS）間のエネルギー $E_{ii}$ も大きく変化する。直径が 1 nm 程度の SWCNT であれば、金属チューブの $M_{11}$、半

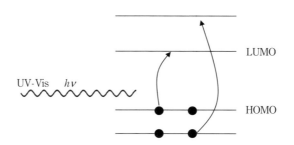

〔図 5-45〕紫外可視分光（UV-Vis 吸収）により HOMO, LUMO 近傍の電子準位に関する情報が得られる。

導体チューブの $S_{22}$, $S_{11}$ は近紫外から近赤外の領域になる（図 5-46）。したがって、SWCNT の場合にはこの領域の UV-Vis-NIR 吸収実験が良く行われる。4 章で述べた金属・半導体チューブの分離実験のときにはこの吸収スペクトルで分離の状況を確認することができる。なお、バンドルの状態で吸収ピークを測定すると分散させた状態にくらべてブロードになることが知られている。

UV-Vis-NIR 吸収に発光を組み合わせると SWCNT のカイラリティ分析ができることがブルース・ワイズマンのグループから報告された [21]。ただし、発光が観測できるのは伝導帯と価電子帯にギャップがある半導体チューブのみである。金属チューブは光励起した電子がバンドをつたって降りてきてしまうため発光が観測できない。この実験を行うためには 4 章で述べた界面活性剤と超遠心分離とを組み合わせて SWCNT を孤立分散に近い状態にしておくことが必要である。さて、カイラリティ分析にはおもに $S_{22}$ による吸収と $S_{11}$ による発光スペクトルを利用する（図 5-47）。

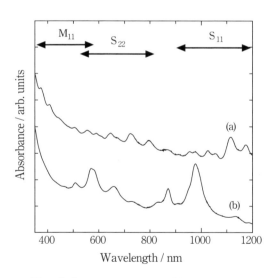

〔図 5-46〕HiPco 法で合成された SWCNT 試料の紫外可視分光データ。(a) 未処理、(b) ゲルクロマト処理後の試料。処理前後で吸収ピークパターンが変化していることがわかる。

吸収エネルギーと発光エネルギーの2軸からなるマップを実験から求める。この2次元マップで明るく光る点が一つのカイラリティに対応する。ワイズマンのグループはこの吸収・発光マップ上に幾何学的なパターンがみられることを指摘するとともに、測定された強度の強い点のカイラリティを理論計算とラマン分光を組み合わせて決定した[21]。彼らは、観測された幾何学パターン（ファミリーパターン）がカイラリティ $(n, m)$ の差に関係していると解析した。

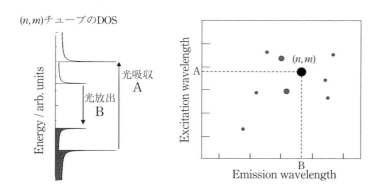

〔図 5-47〕光吸収・発光スペクトルから SWCNT のカイラリティを決定する原理の説明図。

[21] S. M. Bachilo, et al., Science, 298, 2361-2366, (2002).

## 5−16. 電流-電位測定

ナノカーボンを電極として電流-電位曲線の測定を行う、といっても化学と物理の人ではまったく違うことを思い浮かべるであろう（図5-48）。化学の人は溶液中のナノカーボン電極へのイオン吸着・レドックス反応を調べる電気化学測定を想像するであろう。物理の人は電流-電位曲線という言葉に違和感を抱くかもしれない。電気化学測定では水素ガスと水素イオンの酸化還元平衡電位（水素電極電位、SHE）を基準にした電位で評価するのに対し、物理測定では測定物の両端の電位差、すなわち電圧で評価することが多い。したがって、物理測定では電流-電位曲線ではなく、電流-電圧曲線の測定が一般的である。

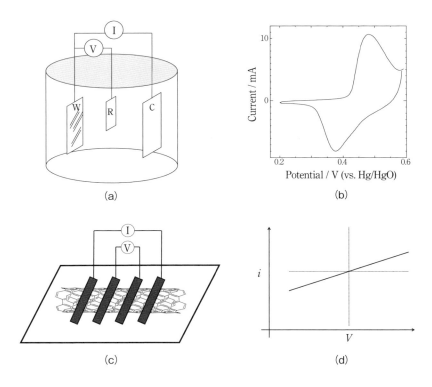

〔図5-48〕(a) 電気化学測定の3電極セル、(b) サイクリックボルタモグラム（CV）、(c) 4端子測定法、(d) i-V曲線の模式図。

物理測定ではナノカーボン自体の電気伝導度評価、ゼーベック係数、ホール係数などの評価が行われるだけでなく、ナノカーボンを素子に組み込んだダイオードやトランジスタの評価が行われる。金属端子をいくつも作っておきSWCNTを後乗せしてSWCNTがうまく回路をつくる部分だけ測定する方法や、酸化物基板の上にSWCNTを成長させたのちにSWCNT上に金属端子をつくりこむ方法などさまざまな実験が行われている。複数のSWCNTの橋掛け構造に大電流を流して金属チューブを焼き切り半導体チューブのみの特性を評価するようなことも行われる。一本のナノチューブ、一層のグラフェンで電界効果トランジスタ（FET）をつくり、ドレイン・ソース間の電流-電圧特性のゲート電圧依存性などを評価することも行われている。

　活性炭は電気二重層キャパシタ（EDLC）の実用材料として利用されている。EDLCは電解液中のイオンを電極表面に物理吸着させることにより蓄電するデバイスで電池に比べ貯蔵できる電気量は小さいが急速充放電性能に優れている。SWCNT電極をEDLCに応用する研究は早くから多数行われてきた。しかし、初期のころは品質の悪いSWCNTで測定されていることも多く必ずしもSWCNT電極の特性が正しく評価されていないものもある。EDLC特性で面白いのはSWCNTの特異な電子構造を反映したダンベル型と呼ばれる独特な形のサイクリックボルタモグラムが観察されることである（図5-49）。

　黒鉛はアルカリ金属イオンなどを層間に取り込み化合物を生成する。これを利用してリチウムイオン電池（LIB）の負極に黒鉛が使われている（図5-50）。SWCNTをLIB電極に応用する研究も多い。SWCNTの場合は液体に分散させてろ取すると不織布のように簡単に自立膜（バッキーペーパー）を作成することができる。電気伝導性も良いので通常の電極材料で必要となる導電助剤（カーボンブラックが良く利用される）や結着剤（PVDFなどのポリマー）が不要でそのまま測定できる。最近はナノカーボン単体試料ではなく、ナノカーボンを含むさまざまな複合材料の電池・キャパシタ特性が評価されている。SWCNTの中空部分にイオン捕獲を担う分子を内包し、SWCNTを分子担体および電子伝導パスと

- 153 -

して利用する報告もある。この内包系SWCNT電極はポストLIB、次世代電池の材料としても評価されている（第6章参照）。

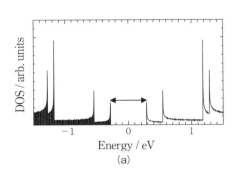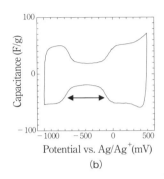

〔図5-49〕(a) (17.3)SWCNTのDOS、(b) 直径約1.5 nmのSWCNTのダンベル型CV。矢印部分のエネルギー幅がほぼ対応する[22]。

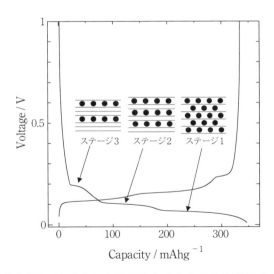

〔図5-50〕黒鉛負極にLiイオンを脱挿入させたときの充放電曲線。電位が下がっていくにつれ、Li層間化合物のステージ数も下がっていく。

[22] A. Al-zubaidi, et al., J. Phys. Chem. C, 116, 7681-7686 (2012).

## 5-17. ガス吸着測定

 活性炭にはさまざまな用途があるが、脱臭剤として利用されることからガス吸着特性に優れていることは容易に予測できる。ガス吸着特性に優れているのは活性炭が非常に高い比表面積を有しているからである。では、この比表面積をどうやって測定するのかというと、話が堂々巡りしそうになるが、ガス吸着を利用する。一般的には窒素ガスを用いるが、その他のガスでも評価できる。

 一般的に行われる BET 比表面積解析は物質の表面が平坦で多分子層吸着が BET 理論が仮定するような過程で行われる場合に有効となる(図 5-51)。仮定はいくつもあるが、代表的なところは以下の通りである。まず、吸着分子同士の相互作用はなく、分子が物質の表面上に平らに積まれていく。物質の表面に吸着される第一吸着層のみが表面と強く相互作用し、第二層以降の吸着熱は凝縮熱に等しく一定とする。この仮定のもとガスの相対圧 $p/p_0$ ($p_0$ は飽和蒸気圧)と吸着量 $v$ について次のような関係が成り立つことが知られている [23]。

$$\frac{p}{v(p_0-p)} = \frac{1}{v_m C} + \frac{(C-1)}{v_m C} \frac{p}{p_0}$$

ここで $v_m$ は単分子吸着量、$C$ は吸着熱を反映した定数である。相対圧 $p/p_0$ に対し、$p/v(p_0-p)$ をプロットしたものを BET プロットという。この BET プロットが直線になれば BET 式が成り立つことを示している。多くの物質で窒素ガスの吸着等温線を測定し、相対圧が 0.05～0.3 くら

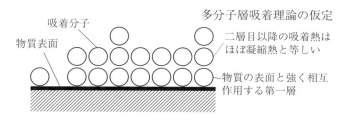

〔図 5-51〕多分子層吸着理論の仮定を説明する模式図。

いの範囲で BET プロットすると直線関係が得られることが知られている。この直線の切片と傾きから単分子吸着量を決定できる（図 5-52）。この単分子吸着量に一分子の専有面積（$N_2$ の場合 0.162 $m^2$）をかけると表面積が得られるという仕掛けである。吸着分子を面積がわかったタイルだと考え、表面を覆うのに必要なタイルの枚数を数えるような方法である。多分子層吸着理論（BET 理論）は非常にたくさんの仮定のもとで成り立つものである。いつもこの仮定が成り立つということはないはずであるがナノカーボンを含む多くの多孔質材料でこの BET 比表面積をもって比表面積が議論されることが多い。細孔構造を有する物質では、毛管凝縮のため飽和蒸気圧より低い圧力で急激にガス吸着量が増加する。したがって、相対圧と吸着量の関係を示す吸着等温線は細孔構造に対応した曲線となる。IUPAC は吸着等温線を 6 つの型に分類して整理している。また、この曲線を解析することで細孔径分布を評価することができる。さまざまな解析方法が知られているが、どのような仮定のもとでの議論であるのかを正しく理解する必要がある。

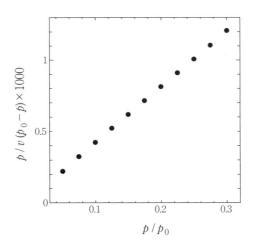

〔図 5-52〕スーパーグロース法で合成された SWCNT 試料について 77K で窒素ガスの吸着等温線を測定し、BET プロットをとったもの。図に示すように良好な直線関係が得られている。

SWCNT、グラフェンともに理論比表面積は同じ $2630 \text{ m}^2/\text{g}$ である。実際には単層のグラフェンをガス吸着実験が行える量を凝集させずに用意することは不可能であるし、SWCNT もバンドルをつくるので一本の BET 比表面積を求めることはできない。SWCNT 試料の実測 BET 比表面積値は多くの場合理論比表面積の半分以下である（図 5-53）。高真空下で SWCNT を高温アニールしてチューブ端が閉じると、BET 比表面積の値が小さくなることが確認されている。

　近年の計算機の発展により、吸着等温線の解析に密度汎関数理論やグランドカノニカルモンテカルロ法を利用できるようになってきた。まず細孔径の異なるいくつかのモデルに対して吸着等温線を計算し、吸着等温線群を得ておく。得られた吸着等温線群を実験で観察した吸着等温線にフィッティングし、多孔性材料のマイクロ・メソ孔径分布を決定するというもので、多分子吸着理論よりも吸着質と吸着媒の相互作用をより現実に近いかたちで解析できる。

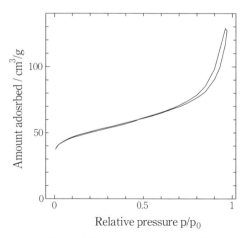

〔図 5-53〕CoMoCAT 法で合成された SWCNT 試料の 77K での窒素ガスの吸着等温線。

[23] 近藤精一ら、「吸着の科学」（丸善）、(1991).

## 5−18. 顕微鏡観察

カーボンナノチューブの最初の報告は多層カーボンナノチューブ（MWCNT）のTEM観察について飯島が1991年にNature誌に書いた論文であることはよく知られている。今でこそTEMで二本の平行な線が観測されれば、多くの方がシリンダー形状のCNTを思い浮かべるだろうがモデルも何もない状況で全く新しい構造を提案するのは簡単ではなかったと思う。飯島は丁寧なTEM観察と電子線回折結果を総合的に判断して、得られたTEM像が示すものはSWCNTが入れ子状になったものであろうと議論している。

飯島の報告後、CNT研究にTEM観察は欠くことのできない実験技術となった（図5-54）。金属触媒だけでなくグラファイトやアモルファスカーボンなどの不純物の確認、バンドルの発達状況、チューブ径分布などさまざまなことが直接観察できる。ただし、チューブ径の評価に関してはTEMで観察される濃い線の間隔は実験条件によっては実際の直径と少し異なる場合があることに注意したい。炭素原子は軽元素であるためSWCNTのチューブ軸に垂直方向から電子線をあてた時、高いコントラストが得られるのはへりの原子数密度の高い部分だけになり一般に2本の平行な線として観測される。つまり、中央部にいるはずの炭素原子は観測されない。炭素原子は電子線による照射損傷を受けやすいことが知られており、これを避けるため80 kV程度まで加速電圧を落として

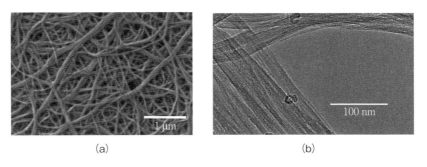

〔図5-54〕SWCNT試料の（a）SEM、（b）TEM写真。

TEM測定を行うこともある。低加速電圧での観測はますます、炭素の原子像をとらえにくくする。しかし、最近、電子レンズ球面収差補正装置が開発されるなどTEMの発展により中央部の原子像までとらえた報告がみられるようになってきた。同じ手法によりグラフェンのエッジ構造を議論しているものもいる。

　また、TEMでは像の直接観察だけでなく、元素分析、電子線回折、電子エネルギー損失分光（EELS）なども行うことができる（図5-55）。元素分析は電子線を物質に照射した際に物質から出てくる特性X線をエネルギー分散型検出器で行うことが多い。簡便な手法であるが定量的な議論や元素の化学状態の議論は一般に難しい。

　電子線回折はX線回折と同様、原子の周期配列に関する情報を与えてくれる。X線回折にくらべて局所的な情報が得られることが利点である。また、一般的な加速電圧では電子線の波長はX線に比べかなり短くなる。これにより逆格子面の格子点を一度に簡単に観察することができる（図5-56）。EELSは物質に入射した電子線が物質との間でエネルギーのやり取りを伴う相互作用を行ったとき、透過した電子線のエネルギ

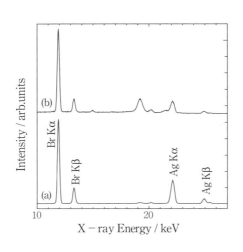

〔図5-55〕(a) AgBr粉末、(b) AgBr@SWCNT試料のEDXスペクトル。

ーが入射時と異なることを利用した分光法である。この相互作用が物質内原子の電子の励起である場合、得られる EELS スペクトルは X 線吸収端近傍スペクトル（XANES）と似た情報を与えてくれる。炭素材料の場合、XANES と同じように C の 1s から $\pi^*$、$\sigma^*$ への遷移に伴うピークが観測され、これをもとに $sp^2/sp^3$ 炭素の存在比の議論などが可能である。

　原子間力顕微鏡（AFM）、走査型トンネル顕微鏡（STM）などのプローブ顕微鏡もナノカーボン研究によく利用される。グラフェンの格子像を直接観察することも行われるし、多層グラフェンの層数を議論するために高さ分布を調べることもよく行われる。

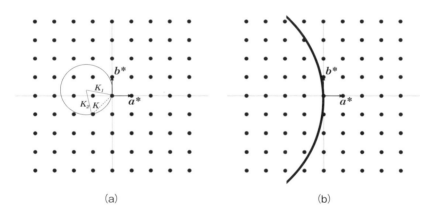

〔図 5-56〕エワルドの回折球の模式図。(a) X 線に比べて (b) 電子線の波長は短いためエワルド球の半径は大きくなる。そのため電子線回折では逆格子面をとらえたような回折像を得ることができる。

# 第6章

ナノカーボンの応用

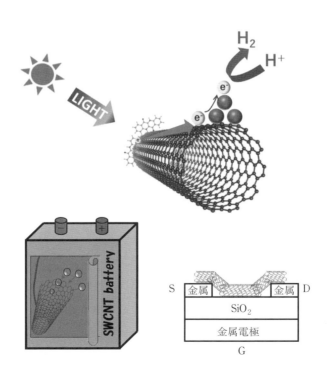

## 6-1. クラシックカーボンの応用先

ナノカーボンの応用、実用化についてみていく前に、現在、実用化されている炭素材料（図6-1）がどこにどのように使われているかを概観しておこう。

ダイヤモンドは人工ダイヤモンドが年間100トン程度生産され、高硬度を活かして砥粒などに利用されている。工業用ダイヤモンドは1グラムあたり数100円程度で取引されている。宝飾用の天然ダイヤモンドが0.1カラット（0.02グラム）で数十万円することを考えると安価な印象を受けるが、一般的な工業原料に比較するとかなり高額な材料であることに変わりない。

黒鉛はさまざまな用途に利用されている。滑りやすい層状構造を利用して鉛筆の芯に利用される。層間にイオンを取り込め、電気伝導性に優れている利点を利用してリチウムイオン電池（LIB）の負極材料に使われている。LIB負極用の黒鉛は1kgあたり1000円程度する。同じように電気を通しやすいことと化学的に安定なことから、大きな黒鉛棒（直径が1m近く、長さ数mのものもある）を電極としてスクラップ金属の溶融などに利用されている。このような大きな黒鉛電極は1本数百万円するが基本的に一度使用すると再使用は難しく使い捨てである。

はじめ砂糖の脱色用に開発された活性炭はその大きな比表面積を利用してさまざまな用途に利用されている。大きな比表面積による分子の吸

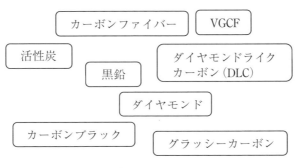

〔図6-1〕さまざまなクラシックカーボン。

○第6章　ナノカーボンの応用

着を利用した各種脱臭剤、浄水剤に使われる。同じ特性を活用して、薬物の過剰摂取の際に活性炭を投与して薬物の除去を行うような医療用途にも利用される。電極としても利用され、大きな比表面積でイオンの物理吸着量を増やすことができるのでキャパシタ電極に使われる。用途によって価格は様々であるが平均して1kgあたり数百円程度である。

　カーボンブラックはいうなれば"すす"であるが、製法、原料によりさまざまなタイプのものが合成されている。インクやトナーなど目に触れるところでも活躍しているし、その導電性を利用して電池電極の導電助剤などデバイスを陰から支えるようなところにも利用されている。さまざまな用途に利用されているカーボンブラックであるが、最も大量に利用されているのはタイヤゴムの強化剤としてである。カーボンブラックの価格も幅が大きいが一般的に1kgあたり数百円程度である。

　最近、需要が急激に増えているのがカーボンファイバーである。ポリマーにカーボンファイバーを加えるとポリマーの機械的強度が大幅に向

〔表6-1〕さまざまなクラシックカーボンの用途と種類。

| 炭素材料 | 主な用途 | 備考（種類など） |
|---|---|---|
| 黒鉛 | 鉛筆芯、電池電極、スクラップ溶解用電極、パッキング・ガスケット、断熱材、ヒーター、モノクロメーター、るつぼ | 天然黒鉛、人造黒鉛、HOPG（C軸方向にそろった多結晶黒鉛）、キャッシュ黒鉛 |
| ダイヤモンド | 研磨剤、ダイヤモンドカッター、LSIなどの方熱板、宝石 | 天然ダイヤモンド（4C：color, carat, clarity, cut）、人工ダイヤモンド、ダイヤモンド薄膜 |
| 活性炭 | 浄水、キャパシタ電極、吸着剤、分子篩、脱臭剤、工業薬品、触媒担持材、医薬用途 | やし殻炭、木炭、石炭、薬品・ガス賦活 |
| カーボンブラック | ゴムタイヤ補強材、インク、トナー、電池導電助剤、黒色顔料 | ファーネスブラック、アセチレンブラック、チャネルブラック、ケッチェンブラック |
| カーボンファイバー | 繊維強化プラスチック、断熱材、導電助剤、C/Cコンポジット | PAN系、ピッチ系ファイバー、VGCF（気相成長ファイバー） |
| ダイヤモンドライクカーボン | HDDのディスク・ヘッド、切削ドリルのコーティング、ペットボトルのガスバリア | 水素含有量の違いでさまざまなダイヤモンドライクカーボン（DLC） |
| グラッシーカーボン | るつぼ、保護管、HPLCの検出用電極 | ガラス状炭素 |

－ 164 －

上する。このようなポリマーは CFRP（carbon fiber reinforced polymer）と呼ばれ、軽量にも関わらず機械的強度に優れていることからラケットなどのスポーツ用品から航空機用途までさまざまな分野で利用されている（図 6-2）。価格は需要増とともに下がる傾向にあるが、活性炭やカーボンブラックに比較するとかなり高価である。

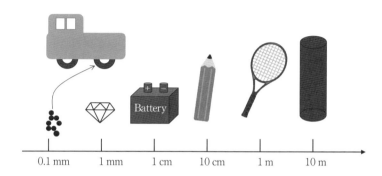

〔図 6-2〕巨大な鉄スクラップ溶解用黒鉛電極からゴム強化剤として利用される数 10-100nm のカーボンブラックまでサイズもさまざまなクラシックカーボン。

## 6-2. ナノカーボンを利用した太陽電池

　現在、市販されている太陽電池はシリコンまたは化合物半導体のp-n接合タイプのものである（図6-3）。フェルミレベルの異なるp型とn型の無機半導体を接合させてフェルミレベルをそろえると、価電子帯上端、伝導帯下端はn型の方がp型にくらべて相対的に下がる。これにより光励起した電子はn型の方に、逆にホールはp型の方に移動する。この移動により起電力が発生する（図6-4）。

　太陽光の光エネルギーを電気エネルギーに変換する効率をここでは単純に変換効率と呼ぶことにする。もちろん自然光は日々刻刻変化するし、

〔図6-3〕持続可能社会の基軸エネルギーとして期待される太陽光。

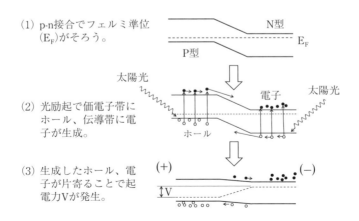

〔図6-4〕無機半導体p-n接合タイプの太陽電池の原理。

地球上のどの点で光を受光するかということも影響するので何か決まり事をしておかないと変換効率の比較ができない。論文等でよく使用されるのは AM1.5、1000 W/m² という条件である。AM1.5 はエアマス 1.5 と読み、太陽が垂直入射するときより 1.5 倍の距離の大気を通過することを意味している。すなわち緯度の高い位置での日照を再現するような条件で、この時の太陽光スペクトルを模擬するような光源がソーラーシミュレーターとして使用される。また、測定温度によっても変換効率は変化するので、25℃で測定することが標準となっている。このような条件のもとでシリコンベースの太陽電池の変換効率を評価すると、シリコンの形態（アモルファス、多結晶、単結晶の順に変換効率は高くなる）により 10～25% 程度の値となる。

　無機半導体 p-n 接合タイプに代わる次世代太陽電池として、有機薄膜太陽電池、色素増感太陽電池が活発に研究されてきた。これらの新型太陽電池は四半世紀くらいの歳月をかけてようやく無機半導体 p-n 接合タイプの変換効率に近づいてきた。ところが、色素増感太陽電池の色素をペロブスカイト半導体で置き換えたようなペロブスカイト太陽電池が誕生から 10 年足らずで変換効率 20% 以上を達成し注目されている（図 6-5）。

　有機薄膜太陽電池は基本的には無機半導体の p-n 接合タイプと同じも

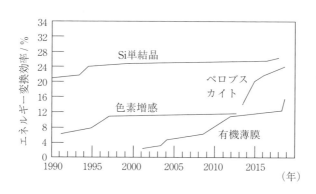

〔図 6-5〕各種太陽電池の変換効率の年次変化（国立再生可能エネルギー研究所の発表データを参考に大まかな変化の様子をまとめたもの）。

のを有機 EL などでも使用される有機半導体で作るものである。一般に有機半導体は電気伝導性が低いため薄膜化する必要がある。なお、有機薄膜太陽電池のときは n 型半導体を電子受容体、p 型半導体を電子供与体と呼ぶことが多い。1980 年代半ばに初めて登場した時は、無機 p-n と同じような積層構造で変換効率は 1% 程度であった。その後、積層構造から電子供与体、受容体を混合したようなバルクヘテロ接合にすることなどで大幅に変換効率が上がった。供与・受容体界面で電子とホールの電荷分離が起こるのであるが、$C_{60}$ を用いると高速な電荷分離ができることがわかり、これが変換効率を上げることに貢献した。現在はさまざまな $C_{60}$ 誘導体が電子受容体として利用されている（図 6-6）。

色素増感太陽電池は $TiO_2$ などのワイドギャップ半導体に色素を塗布し、色素で可視光を吸収させ励起した電子を半導体の伝導帯に移動させ、色素のホールは電解質の酸化（一般には $I_3^-$ イオンから $I^-$ イオンへの酸化）により処理させることで動作する。電子を移動させる半導体の伝導帯下部と対極で生じる電解質の還元電位との差が起電力を決める。1990

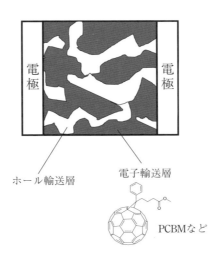

〔図 6-6〕バルクヘテロ接合型有機薄膜太陽電池の模式図。電子輸送層には、フェニル $C_{61}$ 酪酸メチルエステル（PCBM）など $C_{60}$ 誘導体が良く利用される。

年代初めにマイケル・グレッツェルが最初に論文発表した時点で変換効率が10%近くあり大変に注目された。その後、現在まで多くの研究者が関わったが変換効率が20%に届くことはなかった。ところが、2009年に宮坂力は色素の代わりにペロブスカイト結晶である $NH_3CH_3PbI_3$ を $TiO_2$ の光増感剤として使うことを提唱した。当初は変換効率は低かったがペロブスカイト層自体を光活性層として電子・ホールをこの層から取り出すようにする（図6-7）と急激に改善され、すでに20%を超える変換効率が報告されている。このペロブスカイト太陽電池のホール輸送にグラフェンやカーボンナノチューブを利用する研究が行われている。炭素電極をホール輸送層に利用すると一般的なホール輸送層にくらべ水や酸素の侵入によるペロブスカイト結晶の分解や正孔輸送層の劣化を防ぎ長期的な安定性が得られることが期待されている。

| 金属電極（Au） |
| 電子輸送層（PCBM） |
| ペロブスカイト層 |
| ホール輸送層（GO） |
| 透明電極（ITO） |

〔図6-7〕ペロブスカイト太陽電池に酸化グラフェンを利用した例 [1]。

[1] T. Liu, et al., Nanoscale, 7, 10708-10718, (2015).

## 6-3. SWCNT の電気二重層キャパシタ電極への応用

　金属平板2枚の間に誘電体（絶縁体）を挟み込んだ電気素子をコンデンサ（キャパシタ）という。キャパシタの両端に電圧をかけても誘電体のところで電子の流れは止められ金属平板に電荷が貯まる。つまり、電池と同様キャパシタは蓄電デバイスである。電池にくらべて瞬時に充放電ができるメリットがある一方、貯蔵できる電気容量が圧倒的に小さい。

　電気二重層キャパシタ（EDLC）は上の誘電体のところを電解液に変えたものと理解できる。EDLCの両端に電圧がかかると正負のイオンが逆向きに電解液中を移動し、電極表面に蓄積する。正負のイオンが酸化還元反応を起こさない電位範囲内であれば、イオンは電極表面に物理吸着されるだけである。電極側には移動した正負のイオンに対応する電荷が蓄積される。吸着されたイオンの濃度は電極付近にヘルムホルツ層とよばれるイオンの偏りの大きなところから拡散層を経て沖合の正負のバランスのとれた濃度へと近づく。ヘルムホルツ層と電極の電荷の層のことを電気二重層といい、厚みは1 nm程度である。電位の変化はこの二重層の部分で非常に大きく、近年この大きな電位勾配をFETに利用しようという試みが注目されている。さて、電荷の蓄積量は電極がイオンを吸着できる量によって決まるので、比表面積の大きな電極ほど大きな電気量を貯蔵できる。したがって、実用材料には比表面積が大きい活性炭が利用される。

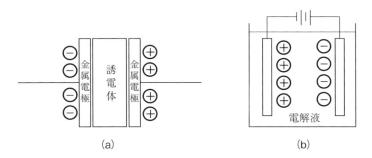

〔図6-8〕(a) コンデンサ、(b) 電気二重層キャパシタの模式図。

孤立した SWCNT の理論比表面積は 2630 $m^2/g$ ときわめて大きく、電気伝導性にも優れていることから早くから高速・高容量 EDLC 電極材料として期待され多くの研究が実施された。しかし、多くの実験結果を総合的に眺めると単純な SWCNT 試料では実用活性炭電極を圧倒するような高容量を得ることは難しいと判断せざるを得ない。これにはいろいろな要因が考えられるが、もっとも大きな要因は実効的なイオン吸着面積がそれほど大きくないことであろう。SWCNT は凝集してバンドル構造をつくる。そうするとバンドル内側の SWCNT は外表面をイオン吸着にほとんど利用できなくなる。したがって、理論比表面積の半分程度しか実効的には利用できず高容量化は困難となる。一方、高出力特性についてはナノチューブの形状が有効に働くのではないかとの報告がある。基板上に垂直に成長させた SWCNT 試料は高電流密度で充放電させても容量低下が見られず，同条件で測定した活性炭よりも優れた特性を示すとされている。

　直径がある程度そろっていて、結晶性が高い SWCNT 試料では、その特異な電子構造を反映した面白いイオン吸着挙動が観測される。図 6-10

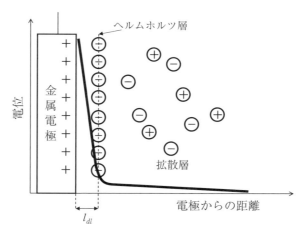

〔図 6-9〕電気二重層のモデル図。$l_{dl}$ は二重層厚みを表す。図中の太線は電解液の電位を示す。

○第6章　ナノカーボンの応用

はSWCNT試料を電極とし、一般的な有機系EDLC用電解液であるTEMA/PCを用いて測定したサイクリックボルタモグラム（CV）である[2-4]。鉄アレイのような形に見えることから私たちはダンベル型と名付けた。このダンベルのグリップ部分から急激にイオン吸着量が増加するところは、半導体チューブの電子状態密度（DOS）が発散的に大きくなるファンホーブ特異点（VHS）間のギャップエネルギー$S_{11}$とよく対応していることを直径の異なるいくつかの試料で検証して示した。すでに3章で述べたようにVHS間のギャップエネルギー$S_{11}$はチューブ径が小さくなるにつれて大きくなる。したがって、ダンベルのグリップ部分のエネルギー幅はチューブ径が小さくなるにつれて大きくなるはずである。私たちは直径の異なるいくつかのSWCNT試料で実際にこのことを確認した（図6-10）。このようなDOSを反映した吸着挙動をうまく利用すると一般的なEDLCとは異なる面白いデバイスをつくることができるかもしれない。

また、SWCNTの中空構造を積極的に活用した新しいタイプのキャパシタも提案されている[5]。それは電解液のレドックス反応を組み込ん

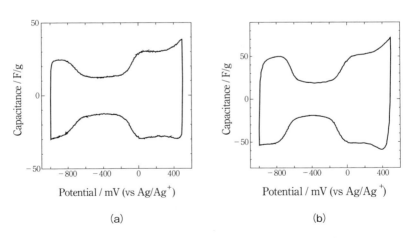

〔図6-10〕直径が（a）約1.3 nm、（b）約1.5 nmのSWCNT試料のCV図。ダンベルのグリップ部分が（a）の方が大きいことが確認できる。

だキャパシタである(図6-11)。具体的には電解液中のヨウ化物イオンを酸化してヨウ素分子 $I_2$ をつくる。$I_2$ は SWCNT に内包されることを好み、チューブ内に保持される。この反応は SWCNT 内表面で高速に起こるため一種の疑似キャパシタとして機能する。疑似キャパシタとすることで通常の EDLC に比べ格段にエネルギー密度を高めることができる。

一般に EDLC の容量（キャパシタンス）は CV 図の面積あるいは充放電曲線から求める。充放電曲線から求めるには図 6-11 (b) の (2) のよう

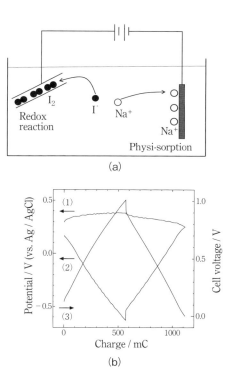

〔図 6-11〕(a) 正極を SWCNT 内でのヨウ素のレドックス反応とするレドックスキャパシタ。(b) の (1) は正極電位を示し、ヨウ素のレドックス反応に対応しほぼ一定の電位である。一方、(2) は負極電位を示すがこちらは通常の EDLC 電極同様電荷に対応して電位が変化する。(3) はセル全体の電圧を示す。

な直線となり、その直線の傾きの逆数から求める（$Q=CV$に注意）。しかし、図6-11に示したような電解液レドックスキャパシタの場合はこうした一般的な手法でキャパシタンスを評価することはあまり意味がなく、エネルギー密度で議論することになる。

　キャパシタンスのもう一つの評価手法に交流インピーダンス測定がある。複素キャパシタンスの実数部分を周波数の関数としてプロットしたのが図6-12である。周波数の軸は対数でとられることが多い。SWCNTのような多孔質炭素材料EDLC電極では図6-12に示すような3つの領域にわけて考えることができる。Iで示す低周波領域では細孔の多くがEDLC容量に寄与するのに対し、IIIの領域ではキャパシタとして機能していない。Iの低周波の極限値は直流法で求めた容量に対応する。インピーダンス測定のときは特定の直流電圧（DC電圧、バイアス電圧）を与えて測定を行うので、Iの低周波の極限で得られる容量はそのバイアス電圧での容量であることに注意する。IIの領域はIIIからIへの遷移を示しており、その立ち上がりの周波数が高いほどイオン吸着がスムーズに行えることを示す。

　次に、SWCNTの細孔構造と電解質イオンの大きさの関係についてみ

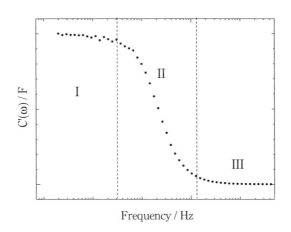

〔図6-12〕複素キャパシタンス（実数部）の周波数（対数）変化の例。

ていこう。表6-2はいくつかのカチオン、アニオンについてイオン半径、ストークス半径およびいくつかの計算結果から求めたイオンから水和した水分子の酸素あるいは水素までの距離を示している [6,7]。 細かな数値に意味があるとは思えないがおおよその水和したイオンの大きさを考えるには有効であろう。

　表6-2から、水和した水分子まで含んだイオンの大きさについてアルカリ金属イオンで約0.4～0.6 nm程度、ハロゲンイオンで約0.5～0.7 nm程度であることがわかる。直径1.5 nm程度のSWCNT試料の三角格子の隙間にはイオン吸着は起こらないということになる（3章参照）。すなわち、イオンの吸着サイトとしてはチューブ内表面あるいはバンドル外表面のみを考えればよいことになる。

〔表6-2〕イオン半径、ストークス半径、水和分子までの距離。

|  | イオン半径 (nm) | ストークス半径 (nm) | $A^+$-O (水和) (nm) |
|---|---|---|---|
| $Li^+$ | 0.090 | 0.238 | 0.19 |
| $Na^+$ | 0.116 | 0.184 | 0.24 |
| $K^+$ | 0.152 | 0.125 | 0.29 |

|  | イオン半径 (nm) | ストークス半径 (nm) | $X^-$-H (水和) (nm) | $X^-$-O (水和) (nm) |
|---|---|---|---|---|
| $F^-$ | 0.119 | 0.170 | 0.166 | 0.266 |
| $Cl^-$ | 0.167 | 0.070 | 0.219 | 0.269 |
| $I^-$ | 0.206 | 0.060 | 0.261 | 0.355 |

[2] A. Al-zubaidi, et al., J. Phys. Chem. C, 116, 7681-7686, (2012).

[3] A. Al-zubaidi, et al., Phys. Chem. Chem. Phys., 14, 16055-16061, (2012).

[4] A. Al-zubaidi, et al., Phys. Chem. Chem. Phys., 15, 20672-20678, (2013).

[5] Y. Taniguchi, et al., J. Nanosci. Nanotechnol., 17, 1901-1907, (2017).

[6] 相田美砂子ら、低温科学 , 64, 21, (2005).

[7] J. M. Heuft, PhD thesis of Universiteit van Amsterdam, (2006).

## 6-4. SWCNTのガス貯蔵能力

　SWCNT内包系のところで述べたように、チューブ内部には内表面からの表面ポテンシャルが積分され、直径が小さくなるとチューブ中心に深いポテンシャルミニマムが形成される。これにより、チューブ内に取り込まれた分子が安定化し内包ナノチューブが形成されるのだが、同じ理屈でガス分子の吸着もできる。また、チューブ径が大きい時には内表面上への吸着に加え、バンドルの三角格子の隙間にもガス吸着が可能となる。

　SWCNTはさまざまなガス吸蔵が可能であるが、最も注目されたのは水素ガス吸蔵であろう。1990年代後半にSWCNTは室温・大気圧に近い条件で5-10 wt%もの水素を吸蔵する能力をもつとする論文がNature誌に掲載されたのである。この実験はSWCNTを含む試料に低温で水素を吸蔵させたのち90 Kから徐々に温度を上げ放出ガスを測定（TPD測定）するというものであった。TPD曲線には130 K付近に大きなピークと室温近くに小さなピークが観測された。130 K付近のピークは比較として測定された活性炭にも観測されたが、室温付近のピークは活性炭や開口処理していないSWCNTを含む試料には強く観測されていない。このことから室温付近のピークはSWCNT内部に水素が物理吸着されたものだとし、試料中に含まれるSWCNTの量から単位重量当たりの水素吸蔵量を求めたところ上記したような大きな値となった。しかし、この論文に触発されてこの後多くの実験が行われたが、この論文で報告されたような高い水素吸蔵能力に対して否定的なものが多い。論文のSWCNT

〔図6-13〕持続可能社会へ向けて水素エネルギーへの期待が大きい。

量の見積もりなどに問題があったと考えられる。

　現在までにさまざまな炭素材料の水素吸蔵が実験されたが、物理吸着のみでは高い水素貯蔵は難しそうである。いろいろな報告値があり、温度・圧力条件も必ずしも同一ではないため比較が難しいが、例えば、ゼオライト鋳型炭素が室温・34MPa で 2.2 wt% の水素を吸蔵したというのが比較的高い数字ではないだろうか。

　こうした状況の中で、物理吸着だけでなく化学吸着を取り入れることで水素吸蔵量を大きくしようという試みがある。化学吸着のためには水素分子を解離させて原子状にすることが求められるがこれをカーボン材料に担持した金属で行うことが考えられている。触媒金属上で水素ガスを吸着解離して炭素表面に流し込み、そこで化学吸着により貯蔵しようというもので、スピルオーバーと呼ばれ注目されている（図 6-14）。ナノカーボンによるガス吸蔵は水素に限ったことではなく、さまざまなガスについて報告がある。カーボンナノチューブの異形ともいえるカーボンナノホーンはメタンやフッ素ガスに対して高い吸蔵能力を持つことが報告されている。

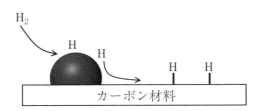

〔図 6-14〕スピルオーバーを利用した水素貯蔵。

## 6−5. カーボンナノチューブのポリマーへの複合

　グラフェンのハンモックにウサギが座っているイラストが、ガイムとノボセロフのノーベル賞受賞時に話題になった。原子一層であるが、炭素 - 炭素結合がいかに強靭であるかを端的に示すイラストである。この強靭さはグラフェンに限らず、ナノチューブ、カーボンファイバーにも共通するものである。また、炭素の $sp^2$ ネットワークには高電気伝導性という特性もある。カーボン材料のポリマー材料への複合はポリマー材料に欠けている上の2つの特性の両方、またはどちらかを付与する目的で行われることが多い。

　炭素繊維強化プラスチック（CFRP）はテニスラケットのようなスポーツ用品から航空機用途などの大型製品まで幅広く利用されている（図6-15）。広い用途に応じてさまざまな特性のCFRPが製造されている。混合されるカーボンファイバーもポリマーも多くの種類がある。カーボンファイバーの原料はポリアクリロニトリル（PAN）系のものとピッチ系のものにおおよそ大別されるが、製造方法によりその物性は大きく変化する。ポリマーはエポキシ樹脂などの熱硬化性樹脂が主流であるが、後加工が比較的容易な熱可塑性樹脂を利用したCFRPもつくられている。

　CFRPに利用されているカーボンファイバーの代わりにカーボンナノチューブを使うことができるのではないかとの研究は、すでに1990年代半ばに始まっている。しかし、カーボンファイバーとナノチューブではスケールが全く異なり、ポリマーへの複合化条件も大きく異なる。カ

〔図6-15〕航空機やスポーツ用品などにCFRPが利用されている。

ーボンナノチューブは冒頭に述べたように優れた機械的特性を有すると喧伝されるが、それは完全な結晶性の孤立 SWCNT について言えることで、現状ではポリマーとの複合化試料ではその効果は大きくないと考えてよい。一方、ポリマーへの伝導性付与については多くの報告で少量の CNT 添加で数桁の電気伝導性の向上があるとされている。

　ポリマーへの複合化方法は CNT とポリマーの間に共有結合を導入するかどうかで 2 つに大別される。共有結合を導入しない場合はポリマーの物理吸着あるいはポリマーによる CNT の包み込みを利用する。CNT の壁面はポリマーと $\pi$-$\pi$ 相互作用により結びつくことがある。このような結合は共有結合に比べて著しく弱いが、CNT の構造を破壊することがなく CNT の特性を保持できるメリットがある (図 6-16)。

　共有結合導入方法は『あらかじめ合成したポリマーを CNT に接続する方法 ("grafting to CNT")』と『CNT 上でポリマーを成長させる方法 ("grafting from CNT")』の 2 通りの方法がある。『grafting to CNT』ではポリマーの先端に反応活性な官能基あるいはラジカルを持たせ、これを CNT 側面に反応させる。CNT 側面は安定な $sp^2$ 炭素であるが、曲率を有するため平面 $sp^2$ 炭素よりは反応性が高い。とはいえ、多くの場合は

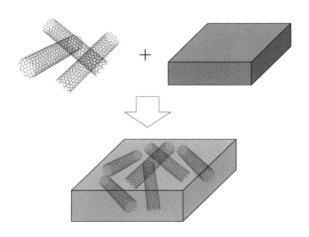

〔図 6-16〕共有結合を導入しない CNT とポリマーの複合体。

CNT 側面にカルボキシル基のような反応性官能基を導入しておき、そこを反応場所として用いる。『grafting from CNT』の手法の場合は、CNT 上に置いた反応開始剤によりモノマーから重合反応させる。開始剤はさまざまな方法で共有結合的に CNT と結合している。この手法では CNT に複合するポリマーのサイズを自在に操ることができ、大きな分子量のものも接続できる（図 6-17）。

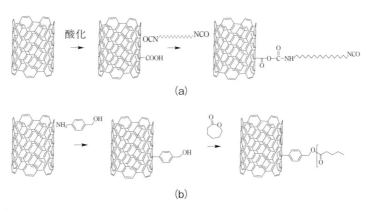

〔図 6-17〕(a) "grafting to CNT" と (b) "grafting from CNT" の 2 通りのポリマー接合の例 [8]。

[8] Z. Spitalsky, et al., Prog. Polym. Sci., 35, 357-401, (2010).

## ６－６．ナノカーボンの透明導電膜への応用

　透明導電膜というのは文字通り透明で電気伝導性のある材料ということになる（図6-18）。透明性が高ければ高いほど良く、電気伝導性が高ければ高いほど良い。しかし、一般的には２つの特性はトレードオフの関係になっていて、一方を高くするともう一方が低くなってしまう。透明性の高い材料というのは光による電子の遷移が起こりにくい材料、すなわち、バンドギャップの大きなものである。炭素材料で言えばダイヤモンド、身近な材料で言えば窓ガラスの主要原料であるシリカのような酸化物である。いずれも大きなバンドギャップを持つが、バンドギャップの大きなものは一般に電気絶縁性になってしまう。実用化されている透明導電膜の仕掛けはどうなっているのだろうか。よく利用される、インジウムドープ酸化すず（ITO）を例にとりみていこう。未ドープの酸化すず（$In_2O_3$）はおもに In の $5s$ 軌道からなる伝導帯とおもに O の $2p$ 軌道からなる価電子帯が大きく開いており透明ではあるが、電気伝導性は低い。ここに数 at％ の Sn 原子をドープしたものがITOである。3価の In に 4 価の Sn 原子が置換するため電子が余る。この電子の準位が酸化すずの伝導帯の底付近に来るので容易に伝導帯にキャリア生成でき導電性が各段に上昇する。ITOのシート抵抗はいろいろなところで測定されているが、550 nm の光の透過度 90％ で数 10 Ω/□ 程度の報告が多い。透過度を３％あげるとシート抵抗はおよそ一桁増加する。

　ナノカーボン透明導電膜は ITO などとは全く異なるアプローチであ

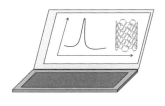

〔図6-18〕携帯電話やノートパソコンなどに利用される透明導電膜。

る。一層のグラフェンは可視光全域にわたり吸光度が約2.3%であることを述べた。つまり、一層であれば可視光を97.7%透過するということである。理想的なグラフェンは導電率も高く、一層のシート抵抗の最小値は数10 Ω/□との見積もりもある。しかし、多くの報告はこのような理想的な値からはかなり離れた値となっている。報告値にはばらつきは多いものの透過率90%でシート抵抗は数100 Ω/□程度のことが多い。なお、一般的には化学的剥離法で調整されたグラフェンのシート抵抗はCVD合成されたものよりかなり大きい。

　カーボンナノチューブはグラフェンとは異なり、線で電気伝導パスをつなぐことができるので孤立分散したSWCNTのネットワークをうまく構築できれば平均的な光の透過率を大きくすることができる（図6-19）。しかし、SWCNTは通常凝集体（バンドル）のかたちで存在する。バンドルのまま製膜してしまうと当然ながら透過率を落とすことになる。SWCNTを分散させるには一般には分散剤が必要であるが分散剤は絶縁性であるので製膜後にこの分散剤の除去が必要となる。

　しかし、仮にSWCNTをうまく分散させ、分散剤の除去がうまくいっ

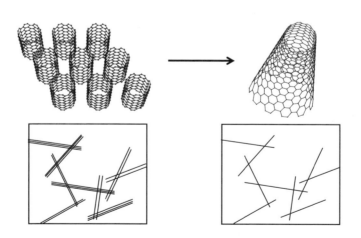

〔図6-19〕SWCNTを透明導電膜に応用するにはうまく分散させることが重要になる。

たとしても、製膜後のSWCNT同士の接触抵抗が大きいことが次の障壁となる。SWCNTの1/3が金属、2/3が半導体だとすると接触点の4/9はショットキー接合になってしまう（図6-20）。このようなことから、SWCNTの透明導電膜もグラフェンと同様に一般的には透過率90%でシート抵抗は200 Ω/□以上になってしまう。

　このような状況を打破するには金属チューブのみを透明導電膜に利用するというのが一つの手段である。金属チューブのみを合成する選択合成技術に関してはさまざまな取り組みが行われてはいるがすぐに工業化できるようなレベルには程遠いと言わざるを得ない。一方、近年、SWCNTの半導体・金属分離技術は急速に進歩しており今後の進展に期待できる。また、もう一つ有効な手段としてドーピングによる導電性の向上があり、SWCNT、グラフェンともに多くの報告がある。ただし、この場合はドーパントの長期的な安定保持が新たな課題となる。SWCNTの分散剤の問題を指摘したが、ある種のドーパントは分散性を向上する効果もあることからプロセスの簡素化に有効である。

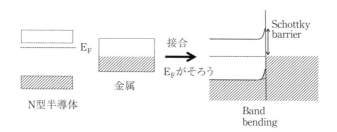

〔図6-20〕半導体-金属接合によるショットキーバリア形成メカニズムの説明（模式図）。

## 6－7. カーボンナノチューブの燃料電池への応用

　水を電気分解すると水素と酸素が発生する。水素の酸化還元電位は0 V、酸素の酸化還元電位は +1.23 V である（図 6-21）。したがって、熱力学的には両者の酸化還元電位の差である 1.23 V が電気分解に必要になる。実際には、水素、酸素を発生させるための過電圧が必要で 1.5-1.6V 程度の電圧が必要となる。燃料電池はこの水の電気分解の逆で水素ガスと酸素ガスを反応させて起電力を得る（図 6-22）。起電力の最大値は上の議

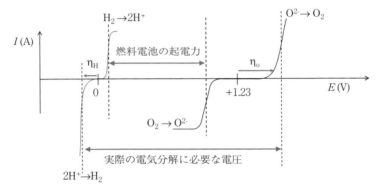

〔図 6-21〕水素、酸素の酸化還元反応の概念図。過電圧 $\eta$ は強調して描いており、定量性はないことに注意。

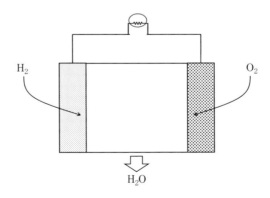

〔図 6-22〕燃料電池の原理図。

論から 1.23 V であるが、もちろんこれは不可能で水素を酸化するための過電圧、酸素を還元するための過電圧が必要となるからである。

　燃料電池は基本的な動作原理は同じであるが、カチオンとアニオンのどちらを電解質中で移動させるかといったことで何種類かに大別される。その中でナノカーボンを電極に応用しようという研究が最も多いのは固体高分子形燃料電池（PEFC）である。PEFC では負極で水素を酸化して得られる水素イオン（プロトン）が高分子電解質中を移動し、正極で還元された酸化物イオンと反応する。いかに効率よく水素を酸化し、酸素を還元するかが PEFC の性能向上のひとつのカギとなる。一般的にはこの効率を高めるため、白金などの貴金属触媒をカーボン電極に担持したものを電極材料として使用する。この電極においては貴金属使用量の低減、耐久性の向上が課題となっている。

　カーボンナノチューブを触媒担持電極として使用することができれば、伝導性や化学的耐久性に優れた燃料電池電極となることが期待される。しかし、単純にナノチューブに貴金属微粒子を担持させただけでは安定保持ができず、電極性能の保持が困難となる。これに対して、ポリベンゾイミダゾールをナノチューブ表面にうすくコートした上に貴金属微粒子を担持させ、さらにプロトン伝導ポリマーとして知られるナフィオンをコートすると一般的なカーボン電極にくらべて 100 倍以上の耐久性を示したことが報告されている（図 6-23）[9]。

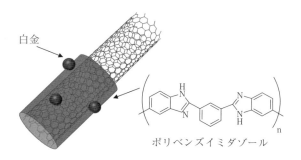

〔図 6-23〕燃料電池用触媒に SWCNT を利用した例。

◯第6章　ナノカーボンの応用

　カーボン材料にヘテロ原子をドープすると電極性能が大きく変化することはよく知られている。2009年にカーボンナノチューブに窒素をドープすると酸素還元能が大きく向上することがScience誌に報告された[10]。もし、この電極が燃料電池正極に使用できれば、貴金属量低減どころか貴金属フリーとなり、画期的である。さて、酸素ガス（$O_2$）を酸化物イオン（$O^{2-}$あるいは$OH^-$）に還元するには4電子が、過酸化物イオン（$O_2^{2-}$あるいは$HO_2^-$）に還元するには2電子が、それぞれ必要である。前者を4電子還元、後者を2電子還元という。一般的にはカーボン電極は2電子還元しかできず、4電子還元を行うには貴金属触媒が必要であると考えられている。しかし、Nドープしたカーボンナノチューブについて回転リングディスク電極（RRDE）を用いて反応電子数を調べたところ$n = 3.9$が得られ4電子還元が貴金属フリーで実現していることが確認された（図6-24）。その後も、このNドープカーボンナノチューブの酸素還元能については実験・理論両面から多くの研究が行われている。

4電子還元
$$O_2 + 4H^+ + 4e^- \longrightarrow 2H_2O$$

2電子還元
$$O_2 + 2H^+ + 2e^- \longrightarrow H_2O_2$$

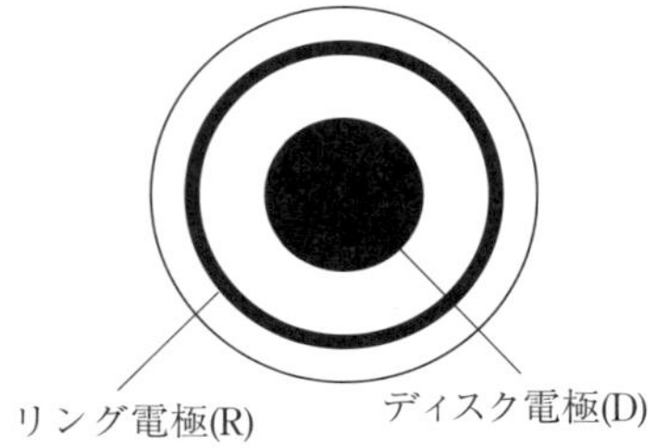

リング電極(R)　　　ディスク電極(D)

反応電子数　$n = \dfrac{4I_D}{I_D + I_R/I_D}$

〔図6-24〕RRDEによる反応電子数の求め方。$I_D, I_R$はそれぞれD, R電極に流れた電流。

[9] M. R. Berber, et al., Sci. Rep., 3, 1764, (2013).
[10] K. Gong, et al., Science, 323, 760-764, (2009).

## 6-8. SWCNTのリチウムイオン電池への応用

リチウムイオン電池は1991年にソニーから販売されて以来、そのエネルギー密度の高さから携帯電話やノートパソコンに不可欠な電源として利用され、2000年ごろには鉛蓄電池を抜いて二次電池最大の出荷額となっている（図6-25）。最近では小型電子機器にとどまらず電気自動車などの大型用途にも利用されるようになってきた。

リチウムイオン電池は正極には$LiCoO_2$のような遷移金属酸化物、負極には黒鉛が使用されている（図6-26）。正極からリチウムイオンを取り出し黒鉛の層間に挿入して層間化合物を生成する過程が充電に対応する。この逆反応が放電反応であり、この時の両極間の電位差が電池の電圧を決める。リチウム電池はよくリチウムイオン電池と混同されるがまったく別の電池でリチウム金属が負極に利用されている。

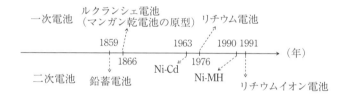

〔図6-25〕各種一次・二次電池の開発の歴史。

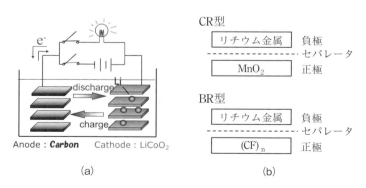

〔図6-26〕(a) リチウムイオン電池、(b) リチウム電池の模式図。

金属リチウムを負極とするリチウム電池は充電することができない一次電池である。もし、充電を行うと金属リチウムの表面にリチウムの針状結晶（デンドライト）が成長してしまう。電池内でデンドライト成長が起こると最悪の場合電極間でショートしてしまい大変に危険である（図 6-27）。リチウムイオン電池は負極に黒鉛を用いることで充電を可能にした。

リチウムイオン電池の定格電圧は一般に 3.6 V 以上あり、他の二次電池やマンガン乾電池に利用される水溶液電解液は使用できない。水が電気分解してしまうためである。そこでリチウムイオン電池ではおもにカーボネート系の有機電解液が使用される（図 6-28）。有機電解液は動作可能な電位範囲（電位窓）が広くリチウムイオン電池の動作を可能とするが、一方でイオンの移動度が水溶液より遅く出力を下げる方向に働くこと、可燃性であるため近年の発火や爆発事故の原因となっていることが問題である。

有機系電解液は電位窓が広いためリチウムイオン電池に使用されると

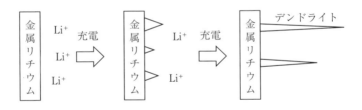

〔図 6-27〕金属リチウム負極のデンドライト成長。

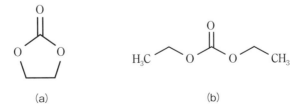

〔図 6-28〕(a) エチレンカーボネート（EC）、(b) ジエチルカーボネート（DEC）。

書いた。しかし、実はカーボネート系電解液はリチウムイオンが黒鉛やSWCNTに挿入される電位ではもはや安定ではなく容易に還元分解されてしまうのである（図6-29）。黒鉛ではリチウムイオンを最初に挿入する際に、おもにエッジ面でこの電解液の分解反応がおき、黒鉛表面にSEI（Solid Electrolyte Interphase）と呼ばれる分解物の薄膜が形成される。このSEIは電子伝導性はなく、この薄膜上ではこれ以上の電解液の分解は進まない。一方でSEIはLiイオンは通すことができるのでSEI形成後の黒鉛では副反応なくLiイオンの脱挿入が可能である（図6-30）。

上記したように黒鉛へのリチウムのインターカレーション反応が負極反応である。負極へのリチウムイオン挿入が起こる電位はリチウム金属の酸化還元電位よりわずかに正電位側である（図6-31）。つまり、リチウム金属析出が起こる一歩手前で黒鉛へのイオン挿入が起こっている。リチウム金属析出が起こると内部ショートなどの原因となることがあ

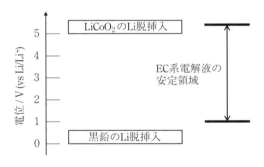

〔図6-29〕EC系電解液の電位窓と正極、負極のLi脱挿入電位 [11]。

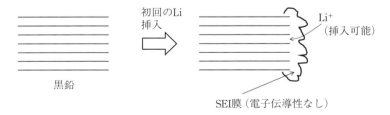

〔図6-30〕黒鉛表面に形成されるSEI膜。

- 189 -

り、黒鉛はこれを起こさず安定に二次電池動作を可能にしている。負極電位を精密に測定するとリチウム挿入に対して何段階かの電位プラトーがあることが確認できる。このプラトーはインターカレーションのステージングに対応している（5-16節参照）。

リチウムの黒鉛層間化合物の飽和組成は $LiC_6$ である（図6-32）。リチウムイオンをこの組成まで挿入するために必要な電気量を黒鉛の重量当たりに換算すると 372 mAh/g という数字が得られる（図6-33）。これを黒鉛の理論容量という。すでに、2005年ごろには市販のリチウムイオン電池の負極容量はこの限界値にかなり近い値になっている（図6-34）。つまり、負極容量を改善するには黒鉛以外の材料開発が必要となる。

SWCNTは電気伝導性、化学的安定性に優れていることから黒鉛に代わる新しい負極材料の候補として期待され、早くから多くの研究が行われた。理論比表面積が 2630 $m^2$/g もあるので大きな貯蔵容量を予想できる。実際、リチウムイオンの吸蔵量は期待通り大きな値を示す結果が多

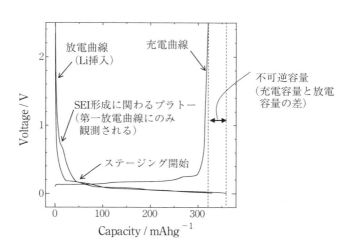

〔図6-31〕黒鉛の充放電曲線測定例。金属Liを対極として使用しているため黒鉛へのLi挿入が放電、Li放出が充電になる。0.9 V付近にSEI形成のためのプラトーが観測される。第一充放電サイクルこのSEI形成にエネルギーを要するので充放電容量に大きな差が観測されるが、第二サイクル以降はこの不可逆容量は小さくなる。

く報告された。しかし、SWCNTには負極材料として思わぬ欠陥があった。それは電解液との反応性である。すでに図6-31で見てきたとおり、黒鉛負極も電解液を分解しSEI膜を形成する。SEI形成に余分なエネルギーが使われ、充放電曲線では不可逆容量として観測されることを学んだ。しかし、黒鉛の不可逆容量は可逆容量のせいぜい10%程度と小さい。ところが、SWCNTではこの不可逆容量が可逆容量の数倍になるのである（図6-35）。反応の詳細は不明であるが曲率のあるSWCNT外表面で

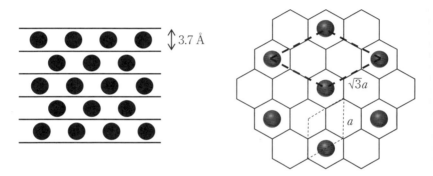

〔図6-32〕LiC$_6$の層間距離と面内の構造。層間距離はLi挿入前の3.35 Åから3.7 Åに約0.35 Å大きくなる。この値はLiのイオン半径に比べて小さいがこれは炭素六員環に巣ごもりする形で挿入されるからである。面内の構造は黒鉛単位格子の$\sqrt{3}\times\sqrt{3}$の超構造となる。K以下のアルカリ金属の第一ステージ層間化合物はAC$_8$組成で2×2の超構造となる[12]。

黒鉛の理論容量（372 mAh/g）

　　LiC$_6$が飽和組成

$$C + \frac{1}{6}Li^+ + \frac{1}{6}e^- \to \frac{1}{6}LiC_6$$

炭素1モル（=12 g）に1/6モルの電子（=96500 C×1/6）
1クーロン=1As=1/3600 Ahに注意すると

$$\frac{96500\times 1/6\times 1/3600}{12} = 372 \text{ mAh/g}$$

〔図6-33〕黒鉛の理論容量の算出方法。

電解液の分解反応が進行すると考えられる。この大きな不可逆容量はリチウムイオン電池にSWCNT電極を応用するためには大きな障害であることは間違いない。

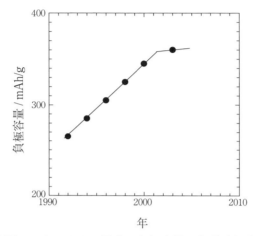

〔図6-34〕実用リチウムイオン電池の負極容量の推移（実線は目安）[13]。

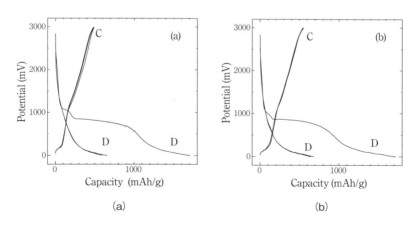

〔図6-35〕(a) 閉口、(b) 開口SWCNTの充放電曲線。C、Dはそれぞれ充電、放電曲線を示す。対極が金属リチウムであるので放電がリチウムイオン挿入に対応する。

SWCNTはバンドルと呼ばれる凝集構造をとるのでリチウムイオンの貯蔵サイトとしてチューブ内，三角格子の隙間，チューブ間の3つが考えられる。これを検証するためにチューブ先端が閉じた試料と開口した試料の2つを用意して電極性能を評価した。図6-35に示すようにリチウムイオンの可逆容量は開口，閉口試料でほとんど差がないことが明らかになった。すなわち、チューブ内部は有効な貯蔵サイトになっていないことがわかった。ところが面白いことに、チューブ内にフラーレン $C_{60}$ を導入すると中空のチューブに比べて2倍近くチューブの重量あたりの可逆容量が増加することが報告されている [14]。フラーレン以外の有機分子を内包させてもこの可逆容量の増加が確認できる。すなわち、チューブ内部に分子を内包することで中空のときには利用できていなかったチューブ内部が貯蔵サイトとして機能する [15]。

[11] 小久見善八 , リチウム二次電池（オーム社）, (2008).

[12] T. Enoki, et al., Graphite Intercalation Compounds and Applications (Oxford univ. Press), (2003).

[13] 石井義人 , 炭素 , 225, 382-390, (2006).

[14] S. Kawasaki, et al., Mater. Res. Bull., 44, 415-417, (2009).

[15] S. Kawasaki, et al., Carbon, 47, 1081-1086, (2009).

## 6-9. カーボンナノチューブトランジスタ

トランジスタは大きく分けてバイポーラトランジスタとユニポーラトランジスタの2種がある（図6-36）。両者の違いは電気を運ぶキャリアの種類の数である。電子とホールの両方を利用するバイポーラトランジスタに対して、ユニポーラトランジスタはどちらか一つを使う。より具体的にはバイポーラトランジスタはp型半導体とn型半導体の両方を使いp-n-pまたはn-p-nの組み合わせで構成され、3つの電極はエミッタ、コレクタ、ベースと呼ばれる。ベースに流す電流でエミッタ-コレクタ間の電流を制御する。電界効果型トランジスタ（FET）はユニポーラトランジスタの代表的なものである。FETも3つの電極（ソース、ドレイン、ゲート）をもつ。ソースとドレインの間はチャネルと呼ばれるが、この部分はゲート電極と絶縁体（誘電体）を挟んで結ばれている。ゲート電極にかける電圧でチャネル領域のキャリア濃度を制御し、ソース-ドレイン間の電流量を制御する。使用するキャリアによりn型あるいはp型チャネルFETと区別される。ゲート電極には電流が流れないことがバイポーラ型との大きな違いである。一般的に、FETの方が低消費電力で大電流の制御（スイッチング）ができるといわれる。

カーボンナノチューブをこのFETに応用しようという研究が1990年代後半にはすでにあった。SWCNTは高いキャリア移動度・速度を持つ

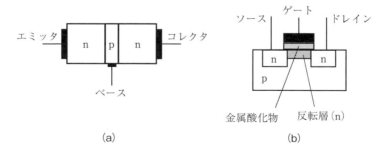

〔図6-36〕(a) n-p-n バイポーラ型トランジスタ。(b) ユニポーラ型の代表的な金属-酸化物-半導体接合電界効果トランジスタ（MOS-FET）。図中で反転層と書いた部分がチャネルになる。

ため、より大きな電流制御が可能なFETの開発が期待されている。このナノチューブFETにはSWCNT 1本を使うものと、SWCNTの薄膜を使うものとに大別されるが1本型のものを中心にみていく。この1本型のFETも大別すると、バックゲート型とトップゲート型の2種類がある（図6-37）。初期はバックゲート型の研究が主流であったが徐々にトップゲート型のものが増えていった。

　バックゲート型SWCNT-FETの代表的な作成方法はつぎのようなものである。まず、金属電極の表面を酸化物で覆った基板上に金属電極を櫛状につくる。この上にSWCNTを析出させると、うまくすると2つの金属電極を橋掛けするSWCNTがみつかる。このSWCNTが半導体型であれば、これでFETとなっている。トップゲート型のものは絶縁体基板の上にSWCNTをまず析出させる。1本のSWCNTをSPMなどを利用して孤立させたのちリソグラフィー技術を使ってSWCNT両端にソース、ドレイン電極を取り付ける。つぎにSWCNTの中央部に誘電体薄膜をのせ、さらにその上にゲート電極をとりつければFETが完成する（図6-38）。

　一般にSWCNT-FETの動作機構は、通常のMOS-FETのチャネルコンダクタンス変調ではなくショットキー障壁変調に基づくキャリア注入変調と説明されている[16, 17]。SWCNTは両極性伝導を示すが、SWCNT-FETではp型チャネル動作の方がn型のときより大きな電流が得られることが多いようである。これはキャリアに対するショットキー障壁の

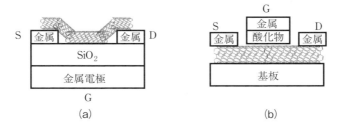

〔図6-37〕(a) バックゲート型、(b) トップゲート型カーボンナノチューブ電界効果トランジスタの模式図。図中のS, D, Gはそれぞれソース、ドレイン、ゲート電極を表す。

高さの違いで説明される。いずれの手法においてもSWCNTと金属電極との接触抵抗の低減や、半導体SWCNTの優先析出が課題となる。

　一方、SWCNTの薄膜をFETに応用しようという研究もおこなわれている。これは、近年、SWCNTの金属-半導体分離の技術が急速に進歩して、半導体SWCNT主体の薄膜が作成可能となったことが大きい。ただ、このような薄膜ではSWCNT間のキャリア移動などがあり、ゲート変調が必ずしも容易ではなかった。近年、このゲート変調に電解質の電気二重層を利用しようという研究が注目されている[18]。

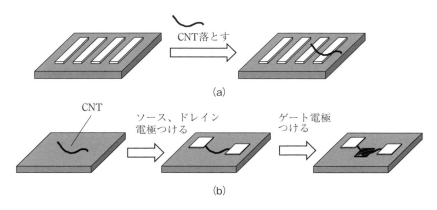

〔図6-38〕(a) バックゲート型、(b) トップゲート型カーボンナノチューブ電界効果トランジスタの作製方法の模式図。

[16] 大野雄高ら, 表面科学, 28, 40-45, (2007).
[17] 石井聡ら, まてりあ, 52, 266-272, (2013).
[18] 竹延大志, Molecular Sci., 9, A0080, (2015).

## 6-10. カーボンナノチューブの宇宙エレベータへの応用

　通信衛星や気象衛星など、現在、地球上空には数千におよぶ人工衛星があるそうだ。この人工衛星の打ち上げには一般に100億円を超える費用が必要といわれている。打ち上げに使うロケットはほとんどが使い捨てである。このロケットの代わりに宇宙に物資を運ぶ手段として期待されているのが宇宙エレベータ（軌道エレベータ）である（図6-39）。

　人工衛星の中に静止衛星というものがある。静止衛星が地球を回る速度が、地球の自転速度と同じであるため地球からみると静止して見えるためこのように呼ばれる。静止衛星は静止軌道と呼ばれる軌道上にいる。この軌道上では回転による遠心力と地球中心に向かう重力がバランスしている。計算すると赤道上空約36,000 kmの円が静止軌道とわかる。この静止軌道上に基地を置き、ここからするすると蜘蛛の糸を地球へとおろせば宇宙エレベーターができる。ただし、このワイヤーにも重力がかかるので静止軌道を挟んで地球と反対側にこのワイヤーの重力をバランスさせるおもりが必要となる。

　さて、問題となるのはワイヤーである。36,000 kmもの長さとなると自重は相当な力となる。この力に耐えるワイヤーが必要となる。どういう条件が必要になるかについては石川憲二によると破断長が約5,000 km

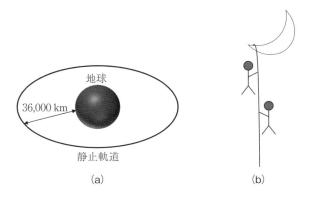

〔図6-39〕(a) バックゲート型、(b) トップゲート型カーボンナノチューブ電界効果トランジスタの作製方法の模式図。

〇第6章　ナノカーボンの応用

必要とのことである [19]。破断長は引張強度（Pa=N/m²）を密度（g/cm³）で割り、さらに重力加速度（9.8 m/s²）で割ることで得られる。なぜ、宇宙エレベーターのワイヤーに必要な破断長が 36,000 km よりもずっと小さくてよいかというと破断長は地上の重力で求められた値であるのに対して、高度によって重力が変わってくるからである。

　ステンレスや真鍮などの金属だと引張強度が 500 MPa 程度、密度は 8 g/cm³くらいなので、単位のけたに注意して計算すると破断長は約 6 km とまったく無理だとわかる。カーボンファイバーはどうだろうか。種類により引張強度はかなり幅があるが、3,000 MPa とし、密度を 1.7 g/cm³ として計算すると破断長は 200 km 足らずとなり、目標値に届かない。宇宙エレベーターと聞いて、芥川龍之介の『蜘蛛の糸』を想起された方もいるだろう。蜘蛛の糸の引張強度は 1,000 MPa を超すとされ密度も 1.3 g/cm³ 程度とかなり優秀だが、やはり条件に届かない。

　SWCNT の引張強度は 10 GPa を超えるとされ、50 GPa を超えるような報告もある。SWCNT の密度は直径の関数となり、直径が大きくなると 1 g/cm³ を下回る。引張強度 50 GPa、密度 1 g/cm³ であれば目標の破断長を超えてくる。しかし、もちろんこのときには継ぎ目のない長いSWCNT が必要で、現状ではとても無理である。

　長い SWCNT が必要なのはなにも宇宙エレベーターに限ったことではない。しかし、現状では cm オーダーの成長も難しい。SWCNT の紡糸技術によりこの状況を打破しようとの試みが行われている [20]。かいこにナノチューブをえさに混ぜて与えると強いシルクができるとのユニークな研究も報告されている [21]。

[19] 石川憲二、宇宙エレベーター（オーム社）, (2010).

[20] Y. Li, et al., Science, 304, 276-278, (2004).

[21] Q. Wang, et al., Nano Lett., 16, 6695-6700, (2016).

## 6−11. カーボンナノチューブの電子銃、SPM 探針への応用

カーボンナノチューブやグラフェンのキャラクタリゼーション手段として電子顕微鏡や原子間力顕微鏡（AFM）といった直接観察ほど説得力あるものはない（図6-40）。そうした観察手段であるはずの顕微鏡にカーボンナノチューブを利用しようという試みを紹介する。

透過型、走査型電子顕微鏡（TEM、SEM）いずれにおいても、電子線を出すための電子銃が必要である。かつてはタングステンや $LaB_6$ のフィラメントからの熱電子を用いた電子銃が一般的であったが、近年ではより高輝度・高分解能を求めて電界放射（FE）型電子銃が増えてきている。一般的なものではタングステンワイヤーに先端を細くしたタングステン結晶（エミッターとよばれる）が取り付けられ、この結晶に対抗する位置に金属板を置き結晶に高電圧をかける。結晶先端の曲率半径は100 nm と小さいので結晶先端に強い電界がかかり、表面の電位障壁が低くなり電子が外に放出される（図6-41）。電界放出により大きな放出電流を得るには強い電界をかける必要があり、結晶先端が細く加工されている。対抗金属板に穴をあけておくと電子線として取り出すことが可能になる [22]。実効的な電子源の大きさがフィラメントの場合に比べて3桁程度小さくなり、これが高分解能につながる。

このタングステン結晶に代わる材料としてカーボンナノチューブが研究されている。カーボンナノチューブは化学的に安定であり、電気伝導

〔図 6-40〕走査型トンネル顕微鏡などのプローブ顕微鏡はナノカーボンの表面構造の直接観察だけでなく、カーボンナノチューブの直径やグラフェンの層数などの定量測定によく利用される。ケルビンプローブ法により表面の仕事関数の分布などを調べることもできる。

性に優れるだけでなく、タングステン結晶の先端より一桁から二桁小さな先端が得られる。カーボンナノチューブエミッターの作製方法としては、SEM 中でカーボンナノチューブ 1 本あるいは一束をマイクロマニュピレーターでつまんで金属針の先端にとりつける方法などが知られている（図6-42）。カーボンナノチューブエミッターから得られる電子線の輝度は実用材料のそれに比べて一桁程度高いとされている。

　走査型トンネル顕微鏡（STM）や AFM は試料表面をなぞるようにして走査することで表面像を得る手法で、総称して走査型プローブ顕微鏡と呼ばれる。いずれも先端を先鋭化したプローブを使用するが、例えば、AFM では窒化ケイ素やシリコンを先端の曲率半径を 20 nm 程度まで先

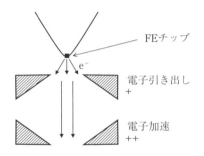

〔図6-41〕電界放出電子銃（FE 電子銃）の模式図。引き出し電極によりエミッタとよばれる部分から電子を放出させ、さらに加速電極により電子を加速する。タングステン結晶の先端は 100 nm 程度の曲率であり、実際の電子源の大きさは 5-10 nm 程度と考えられている。

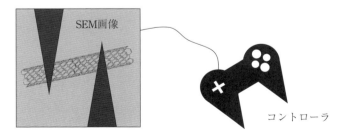

〔図6-42〕SEM を利用したマイクロマニュピレーターの模式図。

鋭化した探針を使用している。この探針の先にカーボンナノチューブを取り付け、さらに先鋭化して分解能を高めようとの試みが1990年代半ばごろから行われている（図6-43）。初期のころは偶発的に付着したカーボンナノチューブを用いた実験がほとんであったが、のちに上記の電子銃のところで紹介したようなSEM中マイクロマニュピレーターを使用することで確実な探針作製が可能となった。

図6-42に示したCNT探針を2つ組み合わせて静電気力を駆動力とするCNTピンセットを作製した面白い研究もある。

〔図6-43〕カーボンナノチューブを先端に取り付けたプローブ探針の模式図。

[22] W. A. de Heer, et al., Science, 270, 1179-1180, (1995).
[23] S. Akita, et al., Appl. Phys. Lett., 79, 1691-1693, (2001).

## 6-12. ナノカーボンの光デバイスへの応用

近年の無線通信の進展は目覚ましく、多くのものが無線通信でつながれ、多くの人がその恩恵を享受している。しかし、便利になればなるほど要求は高くなり、無線通信はより高速・大容量の伝送速度が求められるようにもなってきた。現在の無線通信はおもに数 GHz 程度の極超短波を利用して行われている。無線通信の転送速度を上げる手段として周波数帯域が広いテラヘルツ波の利用が期待されている（図 6-44）。しかし、テラヘルツ波というのはいわば電波と光の中間ともいうべき周波数なのであるが、その発生・検出技術がともに未発達のため簡単には移行

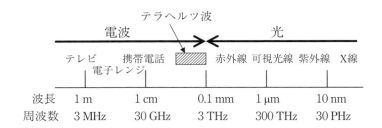

〔図 6-44〕テラヘルツ波は電波と光の間といわれる。

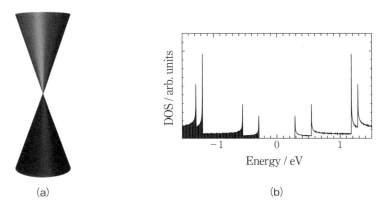

〔図 6-45〕新しい光学デバイスに応用が期待される、(a) グラフェン、(b) SWCNT の特異な電子構造。

できない。このテラヘルツ無線通信にナノカーボンを活用しようとの研究が行われている（図6-45）。

テラヘルツ波の発生技術にはグラフェンの利用が検討されている。尾辻泰一はグラフェンを利用したテラヘルツ波のレーザーが作製可能であると議論している[24]。すでに3章で述べたようにグラフェンはゼロギャップ半導体であり、伝導帯と価電子帯が運動量空間で円錐形（ディラクコーン）をしており、一点で交わっている。ここに、800 meVの光で電子を励起すると800 meVの差をもつ電子・正孔対ができる。この電子、正孔は光学フォノンを放出してバンド内を緩和する。最終的にテラヘルツ波のエネルギーに対応するエネルギー差をもつ電子・正孔対にまで緩和される（図6-46）。この電子・正孔対が再結合するとテラヘルツの光子が発光される。しかし、この発光過程すなわち電子・正孔再結合は光学フォノン放出に比べて遅いのでテラヘルツ波に対応する電子・正孔対を蓄積すること、すなわち反転分布状態をつくることができる。これを利用してテラヘルツ波のレーザーを実現することができる。

一方、テラヘルツ波の検出技術にはカーボンナノチューブの利用が期

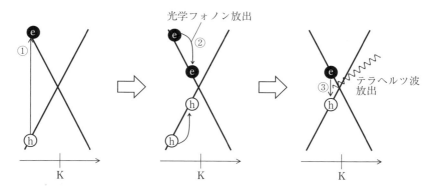

〔図6-46〕①光励起により価電子帯にホール、伝導帯に電子が生成する。②励起した電子は光学フォノンを放出してバンド内を緩和する。この速度はきわめて大きくピコ秒オーダーとされる。③緩和した電子・ホール間には小さなエネルギー差が残る。電子とホールの再結合が起こるとテラヘルツ波が放出される。

待されている。河野行雄はカーボンナノチューブFETをテラヘルツ波の検出に利用できるとしている[25]。ゲート電極に対応するところにGaAs/AlGaAs単一ヘテロ構造基板を用いる。GaAs/AlGaAsヘテロ構造の界面には二次元電子ガスが存在するそうだ。この二次元電子ガスはテラヘルツ波を吸収し、電子-正孔対が生成する。二次元電子ガスには不規則ポテンシャルが存在し、電子と正孔は逆方向の電場に応答し、ポテンシャル極小にトラップされる。これにより生み出された電気的分極がゲート電圧の変調に対応し、これに反応したナノチューブによりソース-ドレイン間の電流が変化する。つまり、テラヘルツ波をソース-ドレイン間の電流変化として検出できるというわけである（図6-47）。

上に述べたようなテラヘルツ無線通信応用以外にも、カーボンナノチューブを光スイッチや非線形光学素子として応用しようという研究も多くなされている。

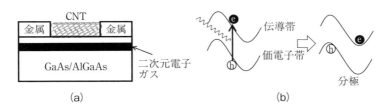

〔図6-47〕(a) カーボンナノチューブを利用したテラヘルツ波検出器の模式図。
(b) 半導体界面にできる二次元電子ガスがテラヘルツ波を吸収する。二次元電子ガスの電子構造は不規則な揺らぎを持っている。光励起で生成した電子・ホールはローカルミニマムに移動し分極を生じる。この分極をナノチューブが検知する。

[24] 尾辻泰一, 光学, 43, 382-387, (2014).
[25] 河野行雄, 光学, 41, 521-528, (2012).

## 6 − 13. ナノカーボンの放熱材料への応用

携帯電話やノートパソコンといった小型電子機器への性能向上の要求はとどまることなく、より軽量に、より高速に改良していかなければならない。小型電子機器の軽量・高性能化は機器を構成する半導体素子の高出力化、高密度化を要求する。そうなると素子の性能向上はもちろんであるが、同時に素子から発生する熱への対策が必要となってくる。

放熱対策は熱源からより早く、より遠くへ熱を逃がすことである。このためには熱伝導性のよい材料を使うことが求められる。熱伝導性の良い材料というのは金属なら自由電子が熱を運ぶ担い手となるため電気伝導度の高いもの、絶縁体であればフォノンが熱を運ぶのでダイヤモンドのようにフォノンの散乱の小さな材料ということになる。1960年代にはシリコン半導体素子の高出力化に伴い素子からの発熱が問題となった。当時は銅やアルミニウムを素子のベース板として使用していたが、徐々に別の金属を使用するようになり、放熱目的のベース板をヒートシンクと呼ぶようになった（図6-48）。1980年代には人工ダイヤモンドを使用したヒートシンクが市販されるようになった（図6-49）。

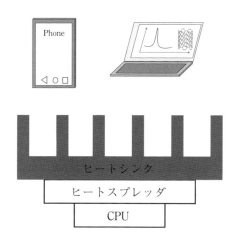

〔図6-48〕小型電子機器は放熱対策が重要な問題となっている。

## 第6章 ナノカーボンの応用

　バルク材料としては実用材料の中でダイヤモンドが最も高い熱伝導度を有するが、黒鉛の層内、すなわち $ab$ 面内の熱伝導度はダイヤモンドのそれを上回る。一方、層が積層する方向、すなわち $c$ 軸方向には化学結合がないため、熱伝導度はけた違いに小さくなる。つまり、黒鉛はきわめて異方性の高い熱伝導材料ということになる。このことを積極的に活用して黒鉛の放熱シート、熱伝導シートが市販され、多くの電子機器に利用されている（図6-50）。このシートはシート厚み方向が黒鉛の $c$ 軸方向になっていることが多く、その場合はシートの面方向に熱が逃げる。設計をうまくすれば熱源から外部へ効率よく熱を運ぶことができる[26]。

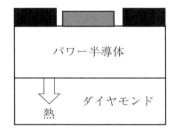

〔図6-49〕ダイヤモンドはヒートシンクとしても商品化されている。

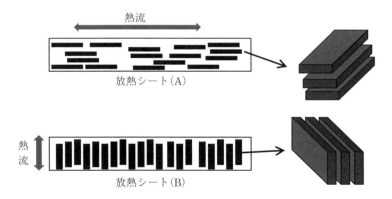

〔図6-50〕熱流方向の異なる2つのタイプの黒鉛熱伝導シート。

黒鉛の層内の熱伝導度が高いことを述べたが、この層を丸めた構造であるカーボンナノチューブも熱伝導性に優れた材料である。これを積極的に放熱材料に展開しようとの試みがなされている。一つはカーボンナノチューブで放熱バンプをつくるというものである。ナノチューブの熱伝導はグラフェン面に沿った方向に高いので軸方向に熱を運びたい。そこでナノチューブを基板の上に垂直にたてて並べ、橋げたのようなものをつくる（図6-51）。この上にトランジスタをのせると熱をうまく逃がしてくれる。また、カーボンナノチューブをトランジスタの電極（FETであればソース、ドレイン、ゲート）に直接接続して排熱だけでなく配線の役割も兼ねるという試みもあるようだ[27]。

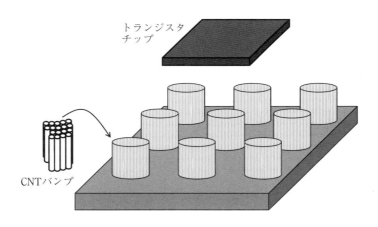

〔図6-51〕高出力トランジスタ用に考案されているCNT放熱バンプ。

[26] 山本礼ら , 日立化成テクニカルレポート , No. 53, 11-16, (2009).
[27] 岩井大介ら , Fujitsu, 58, 279-285, (2007).

## 6 － 14．SWCNT の太陽光水素生成への応用

　化石燃料から再生可能エネルギーへのエネルギーパラダイムシフトが叫ばれて久しい（図 6-52）。自然エネルギーを基軸とする再生可能エネルギーは確かに少しずつ規模を拡大している。しかしながら、基軸エネルギーとして利用するには現状では電力の安定供給に問題があるといわざるを得ない。太陽光発電などの自然エネルギーは出力の制御が容易ではない。したがって、再生可能エネルギーを基軸に電力の安定供給を実現するためにはエネルギー貯蔵デバイスとの組み合わせが必須となる。このような自然エネルギーのバックアップとなると大規模なエネルギー貯蔵デバイスが必要になる。しかしながら、大規模、安価、安全な蓄電デバイスは現状では存在しない。エネルギー密度の高いリチウムイオン電池が良いのではと考えるかもしれないが、リチウムイオン電池は高価であり安全性にも問題がある。現在、このような目的に唯一使用できる手段は揚水発電である。すなわち、余剰エネルギーをつかってダムに水をくみ上げ、電力が必要な時に水力発電で発電するというものである。しかし、揚水発電を現状よりも拡大していくことにはダムの建設が必要になり環境問題を考えるとこの路線が本筋とは考えにくい。

　そのような中で自然エネルギーの新たなバックアップ手段として水素

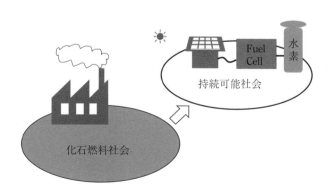

〔図 6-52〕持続可能社会にむけて太陽光エネルギー、水素エネルギーへの期待が高い。

が注目されている。具体的には太陽光エネルギーを用いて水素を製造して水素の形でエネルギー貯蔵し、電力が必要な時にこの水素を使って燃料電池で発電するという考えである。太陽光エネルギーによる水素製造方法には図6-53に示したようないくつかの方法があり、それぞれにメリット、デメリットがある。大規模化が容易と考えられる光触媒を利用する方法がとりわけ大きな期待を集めている（図6-54）。

光触媒材料にはにはどのようなことが要求されるのか、また、光触媒の分野にナノカーボンはどのように利用できるかを考えていく。

すでに、5-7節でみたように水素、酸素の酸化還元電位はそれぞれ、0 V、+1.23 Vである。水素の酸化還元電位を0 Vと基準におくことを水素電

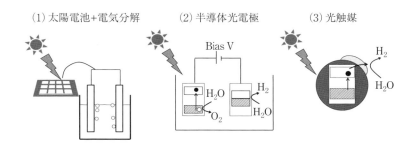

〔図6-53〕太陽光エネルギーを使った水素製造方法。

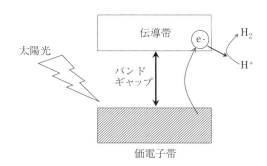

〔図6-54〕光触媒は光エネルギーで励起した電子でプロトンを還元し水素を生成する。

極基準(SHE)という。電子のエネルギーは電位が低いほど高いことに注意すると光触媒が図6-54のように機能するためには伝導帯の下端がプロトンを還元できるエネルギー以上でなければならない。すなわち、伝導帯下端が水素の酸化還元電位よりも負側になければならない。一方、水から水素を生成しようとするのであれば、酸素側についても考えなければならない。光励起して生じた価電子帯のホールを使って水を酸化して酸素を生成するためには価電子帯の上端は酸素の酸化還元電位よりも正側になければならない。すなわち理想的な光触媒というのはその価電子帯と伝導帯のギャップの中に水素、酸素の酸化還元電位が存在するものということになる(図6-55)。ここまで電子のエネルギーをSHE基準で述べてきた。しかし、一般に結晶の電子構造などを議論する際には真空準位基準で議論されることが多い。この真空準位とSHEの関係についてはいくつかの議論があるが、SHEを真空準位基準で-4.44 eVととらえることが多い(図6-56)。

　一見図6-55をみるとTiO$_2$は光触媒の条件を満足しているように思える。しかし、5-7節で議論したように水素の生成には水素過電圧を考慮しなければならない。この水素過電圧のためにTiO$_2$単体では単純な水素生成は一般に困難である。さて、ここまで光励起した電子のエネルギーについてみてきたが、効率よく水素を生成するためには励起電子をい

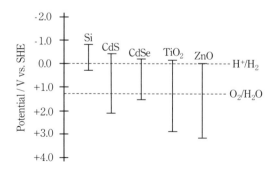

〔図6-55〕水素、酸素の酸化還元電位といくつかの半導体の価電子帯上端、伝導帯下端の関係。

かにプロトン還元に利用するかがカギとなる。せっかく、光励起してもホールと再結合しては何の意味もない。したがって、光励起した電子と励起により生成したホールとの再結合をいかに防ぐかということを考えなければならない。励起した電子とホールを物理的に分離する電荷分離が有力な手段となる。この電荷分離を行うには、電子輸送層あるいはホール輸送層を利用するのが常套手段である（図6-57）。

　SWCNT が光励起された電子の輸送経路として有効であることはすでに 2000 年代に報告されている [28]。$TiO_2$ は光触媒としてよく知られている。$TiO_2$ を光励起して生成したホールをエタノールで処理すると励起した電子が $TiO_2$ 中にトラップされる。トラップされたことは可視光の吸収でとらえることができる。吸収強度がトラップされた電子数に対応するが、この $TiO_2$ に SWCNT を接触させるとこのピーク強度が減少

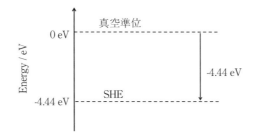

〔図 6-56〕SHE は真空準位基準で−4.44 eV と評価される。

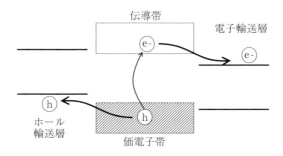

〔図 6-57〕光触媒ではいかに電荷分離を行うかがカギとなる。

する。すなわち、電子がTiO$_2$からSWCNTへ移動したことがわかる。しかし、すでに述べたようにTiO$_2$の伝導帯下端はSHEよりわずかに負側だが水素生成には十分ではない。そこで、伝導帯下端がTiO$_2$よりさらに負側、すなわち、電子エネルギーの高いCdSを利用することが考えられた[29]。CdSで励起した電子をカーボンナノチューブに渡してプロトンを還元する（図6-58）。さまざまな、カーボンナノチューブ、金属ナノ粒子の組み合わせで実際に水素生成が確認されている。興味深いのは金属なしでも水素を発生できる組み合わせがあることである。

　光触媒の代表として語られることが多いTiO$_2$がエネルギー的に光水素生成が難しいことを述べた。太陽光水素生成用途としてはTiO$_2$にはもう一つの問題がある。図6-59は疑似的に太陽光を表す黒体輻射スペクトルである。太陽の表面温度5800 Kで計算している。実際には大気の吸収などがありもう少し複雑であるがおおよその傾向は図6-59でつかめる。図6-59に示すように光強度の大きいところは可視光であり、効率よい太陽光水素生成には可視光吸収が望ましい。しかし、TiO$_2$のバンドギャップは3 eV以上あり可視光の吸収ができない。最近、SWCNTに可視光を吸収する色素を内包し、SWCNTの外側にC$_{60}$デンドリマーを修飾した系で高い水素生成が報告された[30]。色素で励起した電子をSWCNTを経由してC$_{60}$デンドリマーに渡し、この電子で水を還

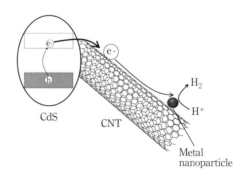

〔図6-58〕カーボンナノチューブを電子輸送層として利用したCdS-CNT光触媒の模式図。

元し水素を生成するというものである。可視光量子収率が50％を超えるようなものも報告されており、今後の展開が楽しみである。

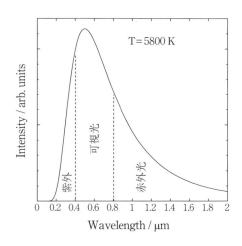

〔図 6-59〕5800 K で計算した黒体輻射スペクトル。

[28] A. Kongkanand, et al., ACS Nano, 1, 13-21, (2007).
[29] Y. K. Kim, et al., Energy Environ, Sci., 4, 685-694, (2011).
[30] N. Murakami, et al., J. Am. Chem. Soc., 140, 3821-3824, (2018).

## 6-15. SWCNTの次世代電池への応用

実用二次電池の中で最も高いエネルギー密度をもつリチウムイオン電池（LIB）は携帯電話やノートパソコンには欠かせない電源である。しかし、もちろんLIBにも問題点が多数ある（図6-60）。それを解決することができるポストLIB、あるいは次世代蓄電池と呼ばれるものが期待されている（表6-3）。こうした次世代蓄電池にカーボンナノチューブなどナノカーボンはどのように利用することが可能であろうか。いくつかの実験例をもとにこのことについて議論する。

すでに6-8節で述べたように、LIBの起電力は3.5 V以上あり水系の

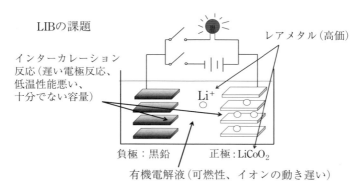

〔図6-60〕現行リチウムイオン電池の課題。

〔表6-3〕LIBの問題点、原因、問題の解決策のまとめ。

| LIBの問題点 | 原因 | 期待される次世代蓄電池 |
| --- | --- | --- |
| 安全性 | 有機電解液 | 全固体蓄電池<br>革新水溶液電池 |
| 高コスト | レアメタルの使用 | 有機分子電極<br>ナトリウムイオン電池 |
| 充分でない容量 | 負極容量、正極容量 | 金属リチウム負極<br>Siなど合金系負極<br>Li-S電池<br>金属空気電池 |
| 遅い充分速度 | 有機系電解液<br>インターカレーション反応 | 革新水溶液二次電池<br>キャパシタ |
| 低い低温性能 | インターカレーション反応 | 革新水溶液二次電池 |

電解液を使用することができないためカーボネート系の有機電解液を使用する。この電解液は可燃性であり、発火や爆発の危険性がある。実際にこれまで多数の発火・爆発の事故が報道されている。これを解決する手段として大きな注目を集めているのが固体電解質を使用する全固体電池である。液体電解質に比べて伝導度が低い固体電解質の改良が課題であったが有機電解液なみの伝導度を有する固体電解質が開発されるようになって新しい研究ステージに進みつつある。このように書くと実用化はまだ先のようであるが開発が進められているのは全固体二次電池であり、一次電池はすでに実用化されている。唯一実用化されているのはリチウムヨウ素電池である。電解液を使用しないので液漏れの心配がなく、ペースメーカーの電源などに使用されている。放電時に生成するヨウ化リチウムは岩塩構造の典型的なイオン結晶であり安定である。安定であるので放電後このヨウ化リチウムを活物質に戻すのは容易ではない。ところが、カーボンナノチューブに内包したヨウ素は可逆的にリチウムイオンの脱挿入が可能である（図 6-61）[31]。

　SWCNT に内包したヨウ素にリチウムイオンを挿入していくとバルクのときと同様に LiI が生成すると考えられる。しかし、SWCNT の空間

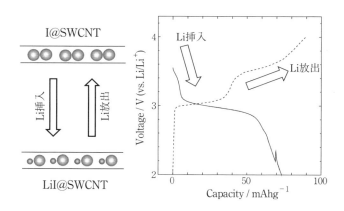

〔図 6-61〕高分子固体電解質を用いて測定した I@SWCNT の Li イオン充放電曲線（60℃で測定）。

- 215 -

的制約の中では3次元的な岩塩結晶をつくることは困難である。いったいどういった反応が起こっているのであろうか。このことを調べるために充放電過程のラマンスペクトルの測定を行った（図6-62）。この測定で使用したSWCNTは直径が2.5 nm程度ある。したがって、低波数領域でみられるRBMピークは100 cm$^{-1}$付近になるが、今回の測定では100 cm$^{-1}$以下をカットするエッジフィルターを使っているため、はっきりとピーク形状がとらえられていない。しかし、Gバンドは明瞭にとらえられていて1590 cm$^{-1}$付近にG$^+$ピークが確認できる（図6-62(1)）。電解酸化法でヨウ素を内包させると、チューブとの電荷移動で生成したポリヨウ化物イオンのラマンピークが160 cm$^{-1}$付近に観測される。同時にGバンドの高波数シフトも観測できる（図6-62(2)）。リチウムイオンを電気化学的に挿入すると、(2)で確認できていたヨウ化物イオンのラマンピークが消失する。これはチューブ内部でLiIが生成したことを示唆する。このLiIは活性で再度電気化学的にリチウムイオンを取り出すことが可能で(4)で再びポリヨウ化物イオンのピークが確認できる[31]。

表6-3に掲げたLIBの問題点の2番目は高コストである。LIBのコス

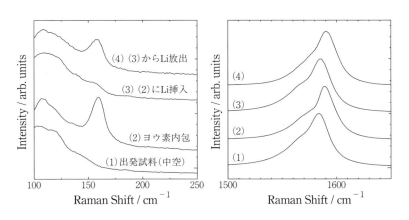

〔図6-62〕I@SWCNTにLiを電気化学的に脱挿入した際のラマンスペクトルの変化。

トが高くなる要因の一つは正極に希少金属が使われることである。これを解決する方法として、ありふれた元素から構築される有機分子を電極材料とすることである。有機分子のいくつかは効率よくアルカリ金属イオンの捕捉が可能である（図6-63）。一般に有機分子は軽元素で構成されるので、うまく設計すれば高いエネルギー密度を実現できる。実際、図6-63に示したフェナントレンキノン（PhQ）は理論容量が258 mAh/gとかなり大きい。しかし、有機分子の多くはLIBに使用されるカーボネート系の電解液に還元溶解してしまうため電極材料に使用することが難しい。この問題をSWCNTに内包することで解決しようという実験を行った（図6-64）。SWCNTの内表面には強い吸着ポテンシャルが働き内包分子を安定させることができるからである。

図6-65はPhQをSWCNTに内包させない場合は還元溶解のために充放電サイクルを重ねると容量劣化が顕著であるのに対し、SWCNTに内包させると容量が安定に保持できることを示している [32]。ここではPhQを例としてとりあげているが基本的にこの手法は多くの有機分子に対して適用することが可能である。

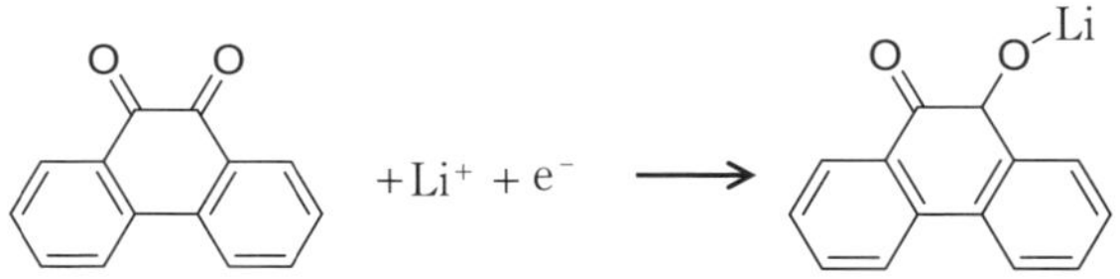

〔図6-63〕フェナントレンキノン（PhQ）はアルカリ金属イオンの捕捉が可能である。

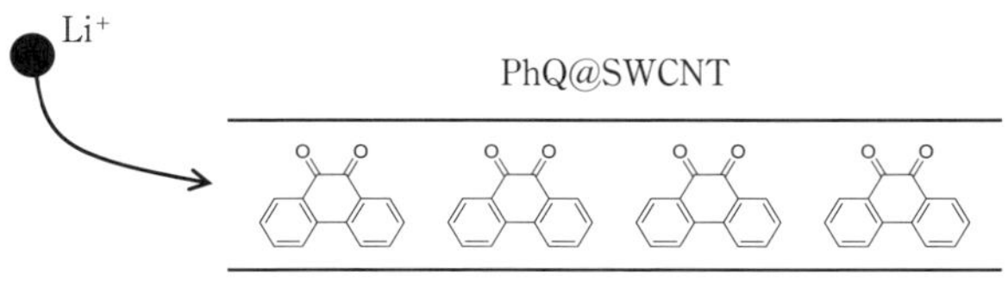

〔図6-64〕フェナントレンキノン（PhQ）をSWCNTに内包し、これをLIB電極として試験する。

さて、LIBがコスト高になっているのは電極材料だけの問題ではない。可動イオンとして使っているリチウムもまたコストの問題を抱えている。リチウムは炭酸塩の形で採掘されるが採掘国が限られており、電気自動車用途などで需要が大きくなるとリチウム原料コストが高騰することが懸念されている。そこでリチウムに代わる可動イオンを探索するということが行われている。すぐに思いつくのはアルカリ金属でリチウムの次に軽いナトリウムである。海水に大量に含まれるナトリウムは資源戦略性に優れている。また、酸化還元電位もリチウム（Li/Li$^+$ = −3.05 V）には及ばないが負に大きく（Na/Na$^+$ = −2.71 V）、大きな電池起電力の設計が可能である。しかし、LIBの設計のままナトリウムに移行することはできない。負極の黒鉛がナトリウムをうまく取り込めないからで新たな負極開発が必要になる。

ナトリウムイオン電池（SIB）にはLIBの黒鉛負極が使えない。黒鉛がナトリウム以外のアルカリ金属とは第一ステージの層間化合物を形成するのにナトリウムとは低ステージ化合物をつくらないからである。リンはNa$_3$Pのような化合物をつくることから負極材料として有望である。しかし、リンは高圧下で合成される黒リンを除いて電気的に絶縁性であ

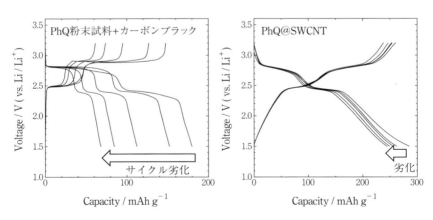

〔図6-65〕フェナントレンキノン（PhQ）粉末試料をカーボンブラックと混ぜただけの試料とSWCNTに内包した試料のLiイオン充放電曲線。

り電極活物質として用いるには問題がある。しかし、SWCNTにリンを内包してしまえば電子伝導性は問題にならなくなると期待できる。内包手法は4-8節で紹介した硫黄や、本節で述べたPhQと同様である。具体的には開口したSWCNT試料とリン粉末試料をガラス管に真空封かんしたのち加熱処理することでリンを昇華させてチューブ内に導入した。ただし、硫黄やPhQの場合にはSWCNT外部に付着した余分な分子を化学洗浄により除去できたが、リンについては適当な溶剤がなく別の手法をとった。5-13節で示したようにチューブの内外で挿入分子の昇華温度が異なることを利用して外側のリンを除去している。SWCNTに内包したリンは図6-66に示すように高い可逆容量でナトリウムイオンを脱挿入可能であることがわかった[33]。

有機分子電極で紹介したPhQなどのキノン分子のイオン捕獲方法は図6-63に示すような方法である。黒鉛のインターカレーション反応などと異なり捕獲するイオンの大きさはあまり問題とならないと考えられる。つまり、図6-63にはリチウムで示しているが、ナトリウムの捕獲も可能であろうと予測できる。また、黒鉛のインターカレーション反応

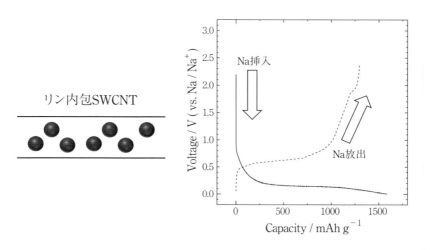

〔図6-66〕リンを内包したSWCNTに電気化学的にナトリウムを脱挿入した充放電曲線。

では挿入されるイオンが黒鉛のエッジ表面で脱溶媒和してエッジ部分からイオン挿入し固体内をイオン拡散する。非常にたくさんの律速過程がある。LIBの充電速度が遅いことや低温性能が優れないということの要因に黒鉛のインターカレーション反応が遅いということがあげられるであろう。これに対してPhQなどのキノン分子の場合は分子表面でのイオン捕獲となりイオンの固体内拡散などを必要としないため高速充放電を行えることが期待できる。また、LIBの低温性能が優れないのは使用している電解液にも問題がある。すでに6-8節で述べたように現行のLIBにはエチレンカーボネート（EC）などのカーボネート系電解液が使用されている。ECは融点が室温より高く、室温では固体であるため他のジエチルカーボネートなどと混合して使用している。融点が低いプロピレンカーボネート（PC）などを使用すればLIBの低温性能は改善されるはずである。ところが、PCは充放電プロセスで黒鉛のグラフェン層を剥離してしまうため黒鉛負極に対して使用できない。これに対して、PhQはもちろん電解液を選ぶようなことはなくPCも使用可能である。こうしたことを踏まえ、図6-67に示すようにナトリウムイオンを含むPC電解液を使用してPhQ@SWCNT電極の低温性能を評価した[33]。予

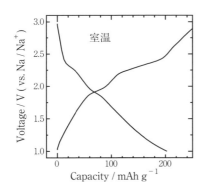 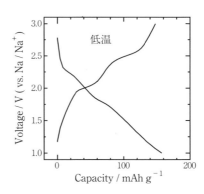

〔図6-67〕PhQ@SWCNTのナトリウムイオン電池電極性能を示す充放電曲線。1 M NaClO₄のプロピレンカーボネート溶液を電解液として恒温槽で0℃で充放電実験を行っている。

測通り PhQ はリチウムだけでなくナトリウムも可逆的に充放電できることがわかった。また、低温下でも容量低下は非常に小さいことが図6-67 から理解できる。PhQ@SWCNT は単純にレアメタルフリーで安価な電極材料というだけでなく、分子表面でのイオン捕獲というこれまでの材料と一線を画し、高速性能にも優れた電極材料であることがわかる。

ここから、LIB のエネルギー密度について考えていこう。LIB は携帯電話やノートパソコンに必須の電源となっているのはその高いエネルギー密度のためである。現在商品化されている二次電池の中では圧倒的にエネルギー密度が高い。しかし、電気自動車の本格的な普及が議論される今、LIB のエネルギー密度の比較相手は現行二次電池ではなくガソリンであろう。ガソリンと比較すると LIB のエネルギー密度はけた違いに小さい（図 6-68）。次世代蓄電池ではガソリンのエネルギー密度を目指して Li 硫黄電池や金属 - 空気電池が検討されている。

高容量の次世代電池としてリチウム硫黄電池（LiS 電池）が注目されている。ナトリウム硫黄電池はすでに市場に出ているがこれは高温で動作させるもので全く別物と理解してよい（図 6-69）。高容量が期待される LiS 電池であるが充放電時に形成される多硫化物イオンが容易に電解液に溶出しサイクル劣化を起こすことが問題である。これに対しても SWCNT への内包が有効で図 6-70 に示すようにバルク粉末試料に比べてサイクル劣化が大幅に低減されることがわかる [34]。

二次電池の中でもっともガソリンのエネルギー密度に近づけると考え

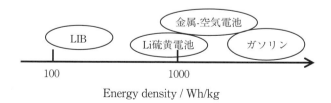

〔図 6-68〕LIB、Li 硫黄電池、金属空気電池、ガソリンのおおよそのエネルギー密度の関係。

○第6章 ナノカーボンの応用

られているのが金属-空気電池である(図6-71)。原理は燃料電池とよく似ていて水素の代わりに金属を使用する燃料電池ととらえることもできる。正極活物質として空気中の酸素を使用するため、一般的な電池に比べて圧倒的に高いエネルギー密度となる。とくに金属としてリチウムを用いると重量エネルギー密度を大きくできる。また、体積エネルギー密度という観点からは多価イオンが有利となりマグネシウムやアルミニウム金属を用いた空気電池も期待されている。燃料電池の空気極と同様酸素還元触媒が必要であるだけでなく、空気電池の場合は二次電池として使用するため電解液に取り込んだ酸化物イオンを酸化して酸素を生成す

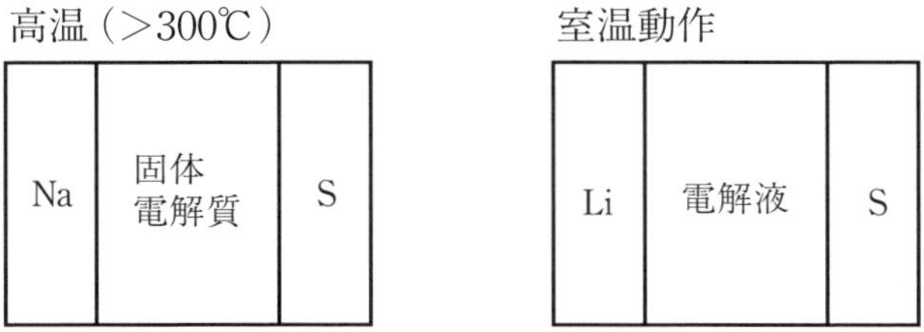

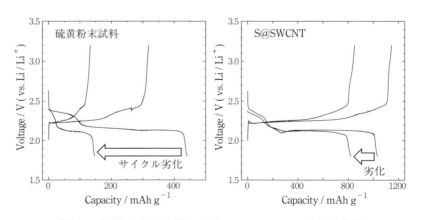

〔図6-69〕Na硫黄電池は固体電解質（βアルミナ）を使用し、高温で動作させる。一方、Li硫黄電池は液体の電解液を用い室温で動作する。

〔図6-70〕粉末硫黄試料およびS@SWCNTの充放電曲線。

- 222 -

るための酸素生成触媒も必要となる。酸素を生成するためには電極にかなり高い正電位を付与する必要があり、高い電位で安定な触媒および触媒担体が求められる。燃料電池の空気極に使用される貴金属触媒は必ずしも酸素生成にも使用できるわけではなく新たな触媒開発が求められている。このような中で、ヘテロ原子をドープしたナノカーボンを空気極電極に使用する試みがある。図6-72はその一例を示すものである。SWCNTおよびグラフェンに窒素をドープした電極は一般的なカーボンブラックに比べて高い放電電位を示す。また、放電電位と充電電位の差はエネルギーロスに対応するので小さい方が望ましい。窒素ドープしたSWCNTは未処理のものに比べてこの差が小さいことがわかる[35]。

　ここまで現状のLIBの抱える問題点とそれを解決する次世代二次電池をみてきた。個々の問題点に対してそれを解決する技術をみてきたのだが、問題点を総合的に考えることも重要である。すべての問題点を同時に解決できる次世代二次電池があればそれを開発すればよいのであるが、残念ながらそのようなものはない。だとすれば問題点の重要度を吟味し最良の解を見つけることが求められる。

　新しいエネルギー社会、持続可能社会において蓄電デバイスは大規模

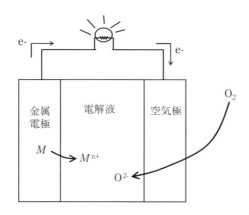

〔図6-71〕金属空気電池の動作原理の説明図。

に必要とされるであろうことは本書の中で何度も触れてきた。もちろんどのようなデバイスにおいても最優先されるのは安全性であるが、広範な普及が必要となれば次に求められるのは低コストであろう。使い勝手を考えれば必要な時に充電待ちなどということがない高速充電性能も必須であろう。逆に高速に充電できれば少々エネルギー密度が小さくても問題にならないはずである。このように考えていくと新しい社会に求められるのは安全、安価で高速充電可能な二次電池という結論に至る。

　この視点であらためて表6-3を眺めると、水溶液二次電池というのがキーワードとなる。水溶液電解液は発火の恐れがなく安全である。水溶液中のイオンの動作は有機電解液中に比べて圧倒的に速くなる。これに加えて現行の電池のようにカチオンの一方通行ではなく、アニオンとカチオンの両方をキャパシタのように同時動作させるとさらなる高速性が期待できる。電極反応はインターカレーション反応のような固体内拡散を必要とするものではなく分子表面でのイオン捕捉にする。これらをすべて満足し、電解液、電極活物質すべてをありふれた元素で構築することで低コストも実現する。

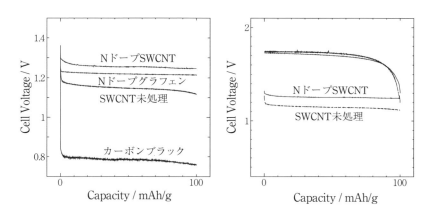

〔図6-72〕（左）各種ナノカーボンを亜鉛空気電池の空気極として使用した際の放電曲線。（右）亜鉛空気電池において窒素ドープしたSWCNT空気極と未ドープのSWCNT空気極の充放電ヒステリシスの比較。

上記の条件をすべて満足する革新二次電池として図 6-73 に示すものを提案した。この電池が基本的に動作することを確認している [36]。

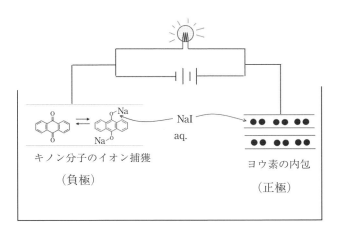

〔図 6-73〕正極は中空の SWCNT で電解液のヨウ化物イオンを酸化してヨウ素分子の形でチューブ内に取り込む。一方、負極はキノン分子を内包した SWCNT でナトリウムイオンを分子表面で捕捉する。安全、安価、高速充電可能な水溶液二次電池である。

[31] N. Kato, et al., ACS Omega, 4, 2547-2553, (2019).
[32] Y. Ishii, et al., Phys. Chem. Chem. Phys. 18, 10411-10418 (2016).
[33] Y. Ishii, et al., AIP Adv. 6, 035112 (2016).
[34] C. Li, et al., Nanotechnology, 28, 355401, (2017).
[35] Z. Jiang, et al., Mater. Express 4, 337-342 (2014).
[36] C. Li, et al., Jpn. J. Appl. Phys., 58, SAAE02-1-5, (2019).

## 6-16. ナノサイズの反応容器

実験室にはさまざまな実験器具があふれている（図6-74）。フラスコで溶液反応させてろ紙で反応物をとりわけてシャーレにのせて顕微鏡観察するといったことを日常的に行っている。ところが相手がナノ材料だとこういった実験器具があまり役に立たないことがある、大きすぎるのである。ナノ材料にはナノ材料でできた実験器具が必要だ。ナノカーボンはこうした実験器具に使えるのではないだろうか（図6-75）。

グラフェンの炭素六角網面のイラストを見た人は文字通り網として、あるいはフィルターとして利用できるのではないかと考えるであろう。このグラフェンを丸めた構造のSWCNTは湯切りざるのようにも見える。しかし、実際には炭素の6員環はほとんど何も通さないと考えてよ

〔図6-74〕実験室でよく利用されるガラス器具。

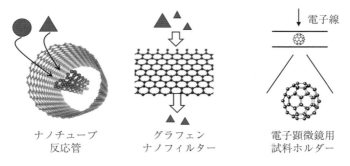

〔図6-75〕ナノカーボン実験器具。

い（図 6-76）。リチウムイオンは非常に小さなイオンであるが、この 6 員環の穴を通れない。環の大きさを変えてリチウムイオンの通過に対するポテンシャルを計算した論文によると 9 員環程度にならないとリチウムイオンの通過は難しそうである。したがって、理想的な SWCNT であれば壁面からチューブ内部への Li の取り込みはできないことを意味する。Li をチューブ内に取り込むには側面に大きな欠陥を開けるか、チューブ端から導入するしかない。同じような発想でグラフェンに穴をあけたものを脱塩膜として利用できないかを調べた論文がある。グラフェンにナノメートルスケールの穴をあけ、この穴の端部を水素あるいは水酸基で終端したものに対して、水分子、ナトリウムイオン、塩化物イオンの浸透を調べたところ、サイズをうまく調整すると 100％の脱塩が可能と予測されている [38]。

カーボンナノチューブにさまざまな分子を内包できることを第 4 章でみてきた。いろいろな実験方法で内包を確認できるが最も説得力があるのは TEM による直接観察である。内包された $C_{60}$ 分子が明確に観測される。よく考えると $C_{60}$ 分子をこのように TEM で直接とらえるのはそう簡単ではない。TEM の試料台として SWCNT が機能しているともいえる。金属内包フラーレンもこの方法で観察できフラーレンの中の金属原子が TEM で明瞭にとらえられる。

4-10 節でみたように $C_{60}$@SWCNT を加熱すると二層カーボンナノチューブが得られることが知られている（図 6-77）。SWCNT が反応容器とな

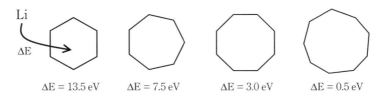

〔図 6-76〕Li 原子が炭素六員環、七員環、八員環、九員環を通過するための拡散バリアの計算値 [37]。九員環以上の大きな穴でなければ Li は通過できないことを示す。七員環、八員環、九員環の生成エネルギーは六員環を基準としてそれぞれ、3.5, 6.2, 9.5 eV と見積もられている [37]。

り、容器の中で $C_{60}$ から細い直径の SWCNT が合成されたと考えることができる。同じように金属内包フラーレンを SWCNT の中で反応させると金属の一次元鎖であるナノワイヤーを内包した SWCNT が合成できる（図 6-77）。具体的には金属ガドリニウムを内包したフラーレン $C_{82}$ を内包した SWCNT（すなわち（Gd@$C_{82}$）@SWCNT）を 1200℃で 48 時間処理するとガドリニウムのナノワイヤを内包した二層カーボンナノチューブが得られたとのことである [39]。

アダマンタンのようにダイヤモンドの部分骨格をもった小分子をダイヤモンドイドと呼ぶ（図 6-78）。このダイヤモンドイドを SWCNT 容器の中で処理すればダイヤモンドのナノワイヤーができるのではないかとの実験が行われた。アダマンタンの次に小さなダイヤモンドイドであるジアマンタンを内包したナノチューブを処理すると一次元のダイヤモンドワイヤーが生成したことが TEM 観察により確認されている [39]。なお、アダマンタンからこのようなナノワイヤーを得るのはエネルギー的に困難であるとのことである。

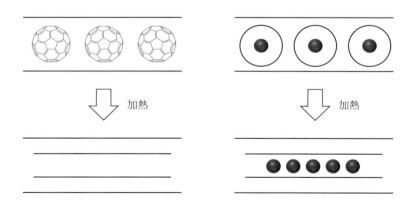

〔図 6-77〕分子内包 SWCNT から二層ナノチューブおよび金属一次元鎖の形成ができる。

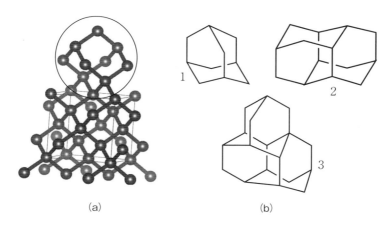

〔図6-78〕(a) ダイヤモンドと (b) ダイヤモンドイドの構造。(b) の1, 2, 3 はそれぞれアダマンタン、ジアマンタン、トリアマンタンを示す。
(a) ダイヤモンドの構造に丸をつけたところがダイヤモンドイドに対応する。

[37] V. Meunier, et al., Phys. Rev. Lett., 88, 075506-1-4, (2002).
[38] D. Cohen-Tanugi, et al., Nano Lett., 12, 3602-3608, (2012).
[39] H. Shinohara, Jpn. J. Appl. Phys., 57, 020101, (2018).

## 6−17. ナノカーボンの医療応用

　活性炭が薬物過剰摂取患者に対して投与されることや、さまざまな炭素材料が骨修復材や骨固定具に応用可能なことは古くから知られている。ナノカーボンはこうした医療応用には使えるのだろうか。

　よく知られているのが金属内包フラーレンの MRI（Magnetic Resonance Imaging）造影剤への応用である（図 6-79）。MRI は一般に水素イオンの核磁気共鳴（プロトン NMR）のシグナルを用いて画像解析する手段である。水素の置かれた環境によるプロトン NMR のシグナルの違いを利用して画像化するが、よく利用される手段として磁気緩和の速度の違いを利用する。調べたい部位と周囲のプロトンの緩和時間に大きな違いがある場合は問題ないが、そうでない場合には造影剤が使用される。造影剤としては常磁性金属イオンなどが使用される。常磁性を生み出す不対電子により磁気双極子-双極子相互作用による緩和が引き起こされる。MRI 造影剤としてよく利用されるのは $Gd^{3+}$ イオンであり、$4f$ 軌道上に7個の不対電子を有している（図 6-80）。しかし、裸の $Gd^{3+}$ イオンは体内での毒性が強いために配位子をつけた錯体の形で利用される。こうした配位子を用いず、$Gd^{3+}$ イオンをフラーレンに閉じ込めた形で利用することができれば人体への害もなく、不対電子を錯形成に使われること

〔図 6-79〕近年の医療診断に欠くことができなくなった MRI。

もない。実際に Gd@C$_{82}$(OH)$_{40}$ が強い緩和作用を示すことが報告されている [40]。

　そのほか、クラシックカーボンがこれまで応用されてきた生体材料にナノカーボン、あるいはナノカーボン複合体を利用しようという試みは多くされている。クラシックカーボンでは考えにくかった分野としてはドラッグデリバリーシステムへの応用があげられる。カーボンナノチューブやカーボンナノホーンに薬剤を内包あるいは付加して、標的組織に取り込ませて狙い撃ちしようというものである。内包される薬剤は低分子のものが比較的多く研究されている。薬剤によっては標的組織に到達してから徐々に放出される徐放が望ましいことがあるが、カーボンナノチューブやカーボンナノホーンに内包された低分子はホスト内表面との相互作用により安定化されることがあり、徐放に対してよい効果をもつことがある。

　一方、カーボンナノチューブは小さなアスベストではないかとの疑念も強く、カーボンナノチューブの発がん性に関する報告は多い。カーボンナノチューブに限らず、ナノ材料一般について人体への影響がどの程度あるのかといったことについては今後も粘り強く検討していかなければならない。さまざまな国で、こうしたナノリスクに対して組織的に取り組むことが行われている。こうした中で、SWCNT が生分解されるのではないかとの報告が最近発表され、話題となっている。

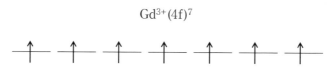

〔図 6-80〕4f 軌道に 7 つの不対電子を有する Gd$^{3+}$ イオン。

[40] 篠原久典, 人工臓器, 45, 15-17, (2016).

## 6-18. SWCNTの熱電変換材料への応用

エネルギーの流れを調べると最終的に60％以上ものエネルギーが利用されずに捨てられている（図 6-81）[41]。この捨てられるエネルギーの大部分は熱のかたちであるため、熱は「エネルギーの墓場」と呼ばれる。近年、都市部の気温が周囲よりかなり高くなるヒートアイランド現象も熱エネルギーが都市部で多く捨てられるためである。このように捨てられるエネルギーをうまく再利用することができればエネルギー問題の解決に大きく資することができるはずである。これを実現するには熱エネルギーを電気エネルギーに変換する熱電変換デバイスの本格的な実用化が必要となる（図 6-82）。この熱電変換デバイスとナノカーボンの関わりをみていこう。

〔図 6-81〕エネルギーを利用する中で排熱でエネルギーをロスする。

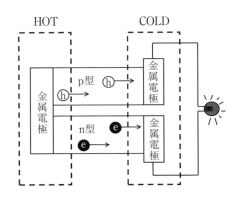

〔図 6-82〕熱を電気エネルギーに変換する熱電変換デバイス。

熱電変換デバイスは一般的には p 型半導体と n 型半導体を組み合わせ
て作られる π 型のものが効率が良いとされている（図 6-82）。熱電変換
デバイスの材料に求められるのは小さな温度差で大きな起電力が得られ
ることである。熱電材料の性能指数として下記のものがよく利用される。

$$zT = \frac{\alpha^2 \sigma T}{k}$$

　ここで $\alpha$ はゼーベック係数、$\sigma$ は電気伝導率、$\kappa$ は熱伝導率である。
ゼーベック効果は物質の両端に温度差を与えた時に両端に電位差が生じ
ることであり、電位差と温度差を結び付ける係数がゼーベック係数であ
る。このゼーベック係数と電気伝導率が大きく、熱伝導率が小さいもの
が望ましいということになる。熱電材料としてよく知られている Bi-Te
系、Pb-Te 系では $zT$ の値が大きなもので 1-2 程度のものが報告されている。
　この熱電変換デバイス用半導体としては上記したような無機系半導体
を中心に研究が行われてきた。しかし、有機系材料に加え、グラフェン
や SWCNT といったナノカーボンの研究も行われるようになってきた。
それはナノカーボンのもつ高い電気伝導性に加えて、無機系材料にない
柔軟性がナノカーボンにはあるからである。家庭や工場から排出される
熱の大半は 200℃以下の低い温度のものである。こうした低い温度の排
熱を有効に活用するには熱源に密着させる柔軟性が必要であり、ナノカ
ーボン系材料が注目される理由がそこにある。しかし、ナノカーボンは
柔軟性と高い導電性を有するものの、熱伝導率もまた高く熱電変換デバ
イスへ応用するには問題となる。最近、[13]C をグラフェンにエンリッチし
て熱伝導率を下げる面白い試みが行われている（図 6-83、4-11 節参照）。
　SWCNT を熱電材料に応用しようという研究は早くから行われている
が、本格的な研究は良質なナノチューブが比較的入手しやすくなった
1990 年代後半以降である。良質な SWCNT とはいえ、初期のころは金属・
半導体の混合物で実験が行われており、ゼーベック係数として 50 μV/K
程度の報告が多い。理論計算の予測ではゼーベック係数は半導体チュー
ブのほうが金属チューブよりおおむね一桁大きくなる。また、SWCNT

の直径にも依存し、計算結果では直径 1.5 nm の半導体チューブでゼーベック係数が 400 μV/K、直径 0.5 nm では 2,000 μV/K もの大きな値が予測されている。また、とても興味深いことに半導体チューブにキャリア（電子あるいはホール）ドープすることでフェルミ準位がギャップ中央からずれるとゼーベック係数が大きくなる。ギャップ中心から 50-60 meV ずれるとゼーベック係数が最大になることが予測されている。この予測をうけてさまざまなドーピングが実験で試されている。p 型のものは比較的得やすいが、n 型の SWCNT 試料は報告数が少ない。その中で、SWCNT のチューブ内に分子を導入して n 型半導体を得る試みが注目されている。コバルトセンを内包した SWCNT についてパワー因子（$zT$ の分子）が 70.7 μW/mK$^2$、熱伝導率が 0.15 W/mK であり 300 K で $zT=0.14$ という高い値が報告されている（図 6-84）。

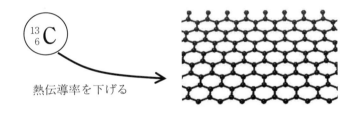

〔図 6-83〕グラフェンに $^{13}$C をエンリッチして熱伝導率を下げる。

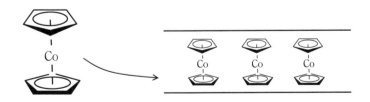

〔図 6-84〕n 型半導体として機能するコバルトセン内包 SWCNT。

[41] J. L. Blackburn, et al., Adv. Mater. 30, 1704286-1-35, (2018).

◇索引

# 索引

## ■人名

### あ
アウグスト・ケクレ······················14
安藤義則····························32
アンドレ・ガイム·························33
アンリ・モアッサン·······················34

### い
飯島澄男·····························32
石川憲二··························197
伊丹健一郎····························91

### う
ヴォルフガング・クレッチマー··············32

### え
エーリヒ・ヒュッケル····················15
遠藤守信····························33

### お
大澤映二·························20, 33
大橋良子····························33
尾辻泰一··························203

### か
片浦弘道·······················64, 84
河野行雄··························204

### こ
小久保研····························79
小松紘一····························89
コンスタンチン・ノボセロフ·················33

### し
ジンミン・ツァイ·······················44

### は
パーシー・ブリッジマン··················35
ハーバート・ストロング··················35
ハロルド・クロトー··················22, 31
坂東俊治····························95

### ふ
ブライアン・スミス······················89
ブルース・ワイズマン··················150

### ま
マイケル・グレッツェル··················169
マイケル・ファラデー····················13

### み
ミカエル・オコネル······················83
ミシェル・アーノルド····················84
宮坂力···························169

### り
リチャード・スモーリー···················31

### ろ
ロウレンス・スコット····················91
ローリング・コース Jr.···················35
ロバート・カール·······················32
ロバート・ハドン·······················68
ロン・チャン··························79

## ■略語

AFM（原子間力顕微鏡）··············160, 199
bcc（体心立方晶）····················108
bct（体心正方晶）····················108
BWF（Breight Wigner Fano）·············138
BZ（ブリルアンゾーン）··················118
CFRP（炭素繊維強化プラスチック）··········178
CPP（cycloparaphenylene）···············91
CV（サイクリックボルタモグラム）··········172
CVD（化学気相法）················36, 41, 46
DOS（状態密度）·················63, 172
EC（エチレンカーボネート）···········188, 220
EDLC（電気二重層キャパシタ）·········153, 170
EELS（電子エネルギー損失分光）··········159
EXAFS（extended X-ay absorption fine structure）··148
fcc（面心立方晶）············105, 108, 111
FE（電界放射）·····················199
FET（電界効果トランジスタ）·······153, 194, 207
HOMO（最高占有準位）················149
IPR（Isolated Pentagon Rule）·········38, 66
ITO（インジウムドープ酸化すず）········181

－ 236 －

LIB（リチウムイオン電池）‥‥‥‥‥ 153, 163, 214
LUMO（最低非占有準位）‥‥‥‥‥ 57, 68, 149
MAS（マジック角測定）‥‥‥‥‥‥‥‥‥ 140
MRI（Magnetic Resonance imaging）‥‥‥‥‥230
MWCNT（多層カーボンナノチューブ）‥‥‥ 71, 158
PAH（多環芳香族炭化水素）‥‥‥‥‥‥‥ 92
PAN（ポリアクリロニトリル）‥‥‥‥‥‥70,178
PC（プロピレンカーボネート）‥‥‥‥‥‥220
PEFC（固体高分子形燃料電池）‥‥‥‥‥‥185
RBM（Radial Breathing Mode）‥‥‥‥‥‥136
RRDE（回転リングディスク電極）‥‥‥‥‥186
SDS（ドデシル硫酸ナトリウム）‥‥‥‥‥‥83
SEI（Solid Electrolyte Interphase）‥‥‥‥‥189
STM（走査型トンネル顕微鏡）‥‥‥‥ 160, 200
TG（熱重量測定）‥‥‥‥‥‥‥‥‥‥143-145
UV-Vis（紫外 - 可視）‥‥‥‥‥‥‥‥‥‥149
UV-Vis-NIR（紫外 - 可視 - 近赤外）‥‥‥‥‥150
VHS（ファンホーブ特異性）‥‥‥‥63, 137, 149, 172
XAFS（X 線吸収分光）‥‥‥‥‥‥‥‥‥146
XANES（X 線吸収端近傍スペクトル）‥‥‥ 148, 160
XPS（X 線光電子分光）‥‥‥‥‥‥‥‥‥146

# ■用語

## あ
アーク放電法‥‥‥‥‥‥‥‥‥‥‥ 32, 45, 76
アームチェア‥‥‥‥‥‥‥‥‥‥‥‥‥‥59

## い
引張強度‥‥‥‥‥‥‥‥‥‥‥‥‥‥‥198
インピーダンス‥‥‥‥‥‥‥‥‥‥‥‥174

## う
ウィグナーザイツセル‥‥‥‥‥‥‥‥‥‥56
ウムクラップ散乱‥‥‥‥‥‥‥‥‥‥‥‥97

## え
$sp^2$‥‥‥‥‥‥‥‥‥‥‥‥‥‥‥‥‥‥9
$sp^3$‥‥‥‥‥‥‥‥‥‥‥‥‥‥‥‥‥‥9
エワルドの反射球‥‥‥‥‥‥‥‥‥‥‥104

## お
音響モード‥‥‥‥‥‥‥‥‥‥‥‥ 120, 122

## か
カーボンナノベルト‥‥‥‥‥‥‥‥‥‥‥91
カーボンナノリング‥‥‥‥‥‥‥‥‥‥‥91
カーボンブラック‥‥‥‥‥‥‥‥ 47, 70, 164
回転相関時間‥‥‥‥‥‥‥‥‥‥‥‥‥141
界面活性剤‥‥‥‥‥‥‥‥‥‥‥‥ 79, 83
カイラリティ‥‥‥‥‥‥‥‥‥‥ 18, 83, 125
カイラル指数‥‥‥‥‥‥‥‥‥‥‥‥ 59, 63
化学気相法‥‥‥‥‥‥‥‥‥‥ 32, 36, 45
核スピン‥‥‥‥‥‥‥‥‥‥‥‥‥ 6, 139
活性炭‥‥‥‥‥‥‥‥‥‥‥‥‥ 43, 69, 155
片浦プロット‥‥‥‥‥‥‥‥‥‥‥ 64, 138
カッティングライン‥‥‥‥‥‥‥‥‥‥‥65

## き
逆格子‥‥‥‥‥‥‥‥‥‥‥‥‥‥‥‥56
共鳴ラマン‥‥‥‥‥‥‥‥‥‥‥ 125, 128
金属空気電池‥‥‥‥‥‥‥‥‥‥ 221, 223

## け
結合解離エネルギー‥‥‥‥‥‥‥‥ 19-20
原子化エネルギー‥‥‥‥‥‥‥‥‥‥‥19

## こ
高圧合成法‥‥‥‥‥‥‥‥‥‥‥‥ 36, 45
光学モード‥‥‥‥‥‥‥‥‥‥‥ 120, 127
構造因子‥‥‥‥‥‥‥‥‥‥‥‥ 104, 107
硬度‥‥‥‥‥‥‥‥‥‥‥‥‥‥ 51, 163
混成軌道‥‥‥‥‥‥‥‥‥‥‥‥‥9-12, 17

## さ
三角格子‥‥‥‥‥‥‥‥‥‥‥‥ 61-62, 88

## し
ジアゾニウムカップリング‥‥‥‥‥‥‥‥81
G バンド‥‥‥‥‥‥ 122, 125-127, 136, 216
G'(2D) バンド‥‥‥‥‥‥‥‥ 123, 129, 132
ジグザグ‥‥‥‥‥‥‥‥‥‥‥‥59, 132-133
$\sigma$ 結合‥‥‥‥‥‥‥‥‥‥‥‥ 11-12, 18
指標表‥‥‥‥‥‥‥‥‥‥‥‥ 116-117, 181
ショットキー接合‥‥‥‥‥‥‥‥‥‥‥183
真空準位‥‥‥‥‥‥‥‥‥‥‥‥‥ 4, 210

## す
スーパーグロース法‥‥‥‥‥‥‥‥ 47, 76
スタウデンマイヤー法‥‥‥‥‥‥‥‥‥77

## ○索引

ステージング反応 ・・・・・・・・・・・・・・・・・ 114
ストークス半径 ・・・・・・・・・・・・・・・・・・ 175
スピルオーバー ・・・・・・・・・・・・・・・・・ 177

### せ

生成熱 ・・・・・・・・・・・・・・・・・・・・・ 29, 143
全合成 ・・・・・・・・・・・・・・・・・・・・・・・ 91
全固体蓄電池 ・・・・・・・・・・・・・・・・・・ 214

### そ

層間化合物 ・・・・・・・・・・・・・・・・・ 87, 114
層間距離 ・・・・・・・・・・・・・・・ 58, 77, 113
相図 ・・・・・・・・・・・・・・・・・・・・・・ 27, 34
ソフトカーボン ・・・・・・・・・・・・・・・・・ 43

### た

ダイヤモンドイド ・・・・・・・・・・・・・・・ 228
谷内散乱 ・・・・・・・・・・・・・・・・・・・・ 128
谷間散乱 ・・・・・・・・・・・・・・・・・・・・ 128
ダングリングボンド ・・・・・・・・・・・・ 38, 46
炭素循環 ・・・・・・・・・・・・・・・・・・・・・ 24
ダンベル型 ・・・・・・・・・・・・・・・・ 153, 172

### て

D バンド ・・・・・・・・・・・・・ 122, 128, 132
D'バンド ・・・・・・・・・・・・・・・・ 121, 128
ディラクコーン ・・・・・・・・・・・・・・ 58, 203
デバイ温度 ・・・・・・・・・・・・・・・・・・・・ 97
テラヘルツ ・・・・・・・・・・・・・・・・ 202-204
デンドライト ・・・・・・・・・・・・・・・・・・ 188

### と

トップゲート ・・・・・・・・・・・・・・・・・・ 195
トリプルアルファ反応 ・・・・・・・・・・・・・・・ 4

### な

内包フラーレン ・・・・・・・・・・・ 39, 89, 141

### は

ハードカーボン ・・・・・・・・・・・・・・・・・ 43
π 共役 ・・・・・・・・・・・・・・・・・・・・ 37, 81
π 結合 ・・・・・・・・・・・・・ 12, 14, 18, 20
バイポーラトランジスタ ・・・・・・・・・・・・ 194
HiPco 法 ・・・・・・・・・・・・・・・・・・ 47, 83
バッキーペーパー ・・・・・・・・・・・・・・・ 153

バッキーボウル ・・・・・・・・・・・・・・・・・ 91
バックゲート ・・・・・・・・・・・・・・・・・・ 195
破断長 ・・・・・・・・・・・・・・・・・・ 197-198
ハマーズ法 ・・・・・・・・・・・・・・・・・ 77-78
バリスティック ・・・・・・・・・・・・・・・・・ 98
半金属 ・・・・・・・・・・・・・・・・・・ 54, 126
バンドル ・・・・・・・・・・・ 61, 83, 110, 182

### ひ

ヒートシンク ・・・・・・・・・・・・・・・・・・ 205
ピーポッド ・・・・・・・・・・・・・・・・・ 89, 94
比表面積 ・・・・・・・・・・・ 69, 155, 163, 170

### ふ

ファンホーフ特異性 ・・・・・・・・・・・・・・・ 63
フェルミレベル ・・・・・・・・・・・・・・ 63, 166
フォノン分散曲線 ・・・・・・・・・・・・ 120, 127
不可逆容量 ・・・・・・・・・・・・・・・・・・ 191
賦活処理 ・・・・・・・・・・・・・・・・・・・・・ 69
フラーレンポリマー ・・・・・・・・・・・・・・・ 94
ブリルアンゾーン ・・・・・・・・・・・・ 65, 118
フロスト円 ・・・・・・・・・・・・・・・・・・・ 15
ブロディー法 ・・・・・・・・・・・・・・・・・・ 77
分散剤 ・・・・・・・・・・・・・・・・・・・・・ 182

### へ

BET 理論 (多分子層吸着理論) ・・・・・・・・・・ 155
ベッセル関数 ・・・・・・・・・・・・・・ 108, 111
ヘルムホルツ層 ・・・・・・・・・・・・・・・・・ 170
ペロブスカイト ・・・・・・・・・・・・・・ 169, 169

### ほ

芳香族 ・・・・・・・・・・・・・・・・・・・ 15, 92
放熱バンプ ・・・・・・・・・・・・・・・・・・・ 207

### み

密度勾配遠心法 ・・・・・・・・・・・・・・・・・ 83

### ゆ

有効質量 ・・・・・・・・・・・・・・・・・・・・・ 58
ユニポーラトランジスタ ・・・・・・・・・・・・ 194

### よ

揚水発電 ・・・・・・・・・・・・・・・・・・・・ 208

- 238 -

## ら

ラウエ関数 ···························· 103, 110
ラジカル ······························· 38

## り

理論容量 ··························· 190, 217

## れ

レーザー蒸発法 ·············· 32, 37, 45, 76
レーリー光 ···························· 122

## ろ

ローンズデライト ······················ 52

## ■ 著者紹介 ■

**川崎 晋司**（かわさき しんじ）
**名古屋工業大学大学院工学研究科　生命・応用化学専攻**

■経歴：
1987 年　大阪大学基礎工学部物性物理工学科　卒業
1989 年　大阪大学大学院基礎工学研究科　博士前期課程修了
1992 年　大阪大学大学院基礎工学研究科　博士後期課程修了
博士（理学）
1992 年　北海道大学理学部化学科　助手
1994 年　信州大学繊維学部素材開発化学科　助手
（1995 年～ 1996 年 フランス・ナント Institut des Materiaux de Nantes　研究員）
2004 年　名古屋工業大学大学院工学研究科　助教授（2007 年准教授に名称変更）
2009 年　名古屋工業大学大学院工学研究科　教授
現在に至る

■研究内容：
電池電極や光エネルギー変換デバイスへの応用を目指し、単層カーボンナノチューブなどのナノカーボンに化学修飾・複合化により新たな機能を付与する研究を行っている。

■所属学会：
所属学会：炭素材料学会、フラーレン・ナノチューブ・グラフェン学会、電気化学会、日本化学会、高圧力学会

● ISBN 978-4-904774-44-1

同志社大学　合田 忠弘
九州大学　庄山 正仁　監修

設計技術シリーズ

# 再生可能エネルギーにおける
# コンバータ原理と設計法

本体 4,400 円 + 税

## 第Ⅰ編　再生可能エネルギー導入の背景
### 第1章　再生可能エネルギーの導入計画
1. 近年のエネルギー事情
   1.1 エネルギー消費と資源の逼迫／1.2 地球環境問題とトリレンマ問題
2. 循環型社会の構築
3. 再生可能エネルギーの導入とコンバータ技術
   3.1 再生可能エネルギーの導入計画／3.2 コンバータ技術の重要性

### 第2章　再生可能エネルギーの種類と系統連系
1. 再生可能エネルギーの種類とその概要
   1.1 再生可能エネルギーの種類と分類／1.2 コージェネレーション（CGS: Cogeneration System）／1.3 太陽光発電／1.4 風力発電／1.5 バイオマス発電
2. 燃料電池／1.7 電力貯蔵装置
3. 分散型電源の系統連系
   2.1 分散型電源の系統連系要件の概要／2.2 系統連系の区分／2.3 発電設備の電気方式／2.4 系統連系保護の原則

### 第3章　各種エネルギーシステム
1. 太陽光発電
2. 風力発電
3. 太陽熱利用
   3.1 トラフ／3.2 フレネル型／3.3 タワー型／3.4 ディッシュ型
4. 水力発電
5. 燃料電池
   5.1 概要／5.2 燃料電池の用途と種類
   5.2.1 概要／5.2.2 固体高分子形燃料電池（PEFC）／5.2.3 リン酸形燃料電池（PAFC）／5.2.4 固体酸化物形燃料電池（SOFC）／5.2.5 溶融炭酸塩形燃料電池（MCFC）
6. 蓄電池
   6.1 揚水発電／6.2 蓄電池
   6.2.1 鉛蓄電池／6.2.2 NAS電池／6.2.3 レドックス・フロー電池／6.2.4 鉛負極電池／6.2.5 ニッケル水素電池／6.2.6 リチウム二次電池
7. 海洋エネルギー
   7.1 海洋温度差発電／7.2 波力発電
8. 地熱
   8.1 地熱発電の概要
   8.1.1 地熱発電の3要素／8.1.2 地熱発電の概要／8.1.3 地熱発電の種類
   8.2 地熱発電の特徴と課題／8.3.1 地熱発電の現状と動向／8.3.2 地熱発電の歴史と動向／8.4 地中熱利用
9. バイオマス

## 第Ⅱ編　要素技術
### 第1章　電力用半導体とその開発動向
1. 電力用半導体の歴史
2. IGBTの高性能化
3. スーパージャンクションMOSFET
4. ワイドバンドギャップパワー素子
5. パワー素子のロードマップ

### 第2章　パワーエレクトロニクス回路
1. はじめに
2. 再生可能エネルギー利用におけるパワーエレクトロニクス回路
3. 昇圧チョッパの原理と機能
4. インバータの原理と機能
   4.1 電圧形インバータの動作原理／4.2 電圧形インバータによる系統連系の原理
5. 電流形インバータによる交流発電機の駆動

### 第3章　交流バスと直流バス（低圧直流配電）
1. 序論
2. 交流配電方式

2.1 配電電圧・電気方式
2.1.1 配電線路の電圧と配電方式／2.1.2 電圧降下
3. 直流配電方式
   3.1 直流送電／3.2 直流配電（給電）／3.3 直流配電（給電）による電圧降下／
   3.4 直流配電（給電）の利用拡大
   3.4.1 直流方式の歴史と現在における直流応用／3.4.2 今日における直流応用／
   3.4.3 電気通信事業における直流給電
4. 直流給電の最新動向
   4.1 負荷容量の増大と高電圧化／4.2 海外における通信用380Vdc給電方式の運用例／
   4.3 マイクログリッドにおける直流応用
5. 直流システムにおける課題・留意事項
   5.1 直流遮断保護と保護協調／5.2 直流アーク保護／5.3 定電力負荷特性による不安定現象、5.4 接地と感電保護／5.5 その他の課題
6. 国際標準化の動向
   6.1 直流電圧規格の区分
   6.1.1 IEC 規格などにおける直流電圧の定義／6.1.2 日本国内における直流電圧の定義／6.1.3 米国内における直流電圧の定義
   6.2 直流と安全性の関係について／6.3 制定・運用されている国際標準の一例
   6.4 情報通信分野／6.3.2 電力情報システム分野
   6.4 標準化機関、および関連団体における活動状況
   6.4.1 IECにおける活動／6.4.2 ITUおよびETSIにおける活動／6.4.3 その他の国際標準化動向
7. まとめ

### 第4章　電力制御
1. MPPT制御
   1.1 山登り法／1.2 電圧追従法／1.3 その他のMPPT制御法／1.4 部分影のある場合のMPPT制御／1.5 MPPT制御の課題
2. 双方向連系制御
2.1 はじめに／2.2 自律分散協調型の電力網「エネルギーインターネット」／2.3 自律分散協調配電力網の制御システム／2.4 自律分散協調制御システム階層と制御所要時間

### 第5章　安定化制御と低ノイズ化技術
1. 系統安定化
   1.1 系統連系される分散電源のインバータの制御方式／1.2 自立運転／1.3 仮想同期発電機
2. 低ノイズ化技術
   2.1 パワーエレクトロニクス回路と高周波スイッチング／2.2 スイッチングノイズの発生機構／2.3 従来の低ノイズ化技術／2.4 ソフトスイッチングによる低ノイズ化技術／2.5 ノイズ電流相殺による低ノイズ化技術／2.6 まとめ

## 第Ⅲ編　応用事例
### 第1章　電力向けの適用事例
1. 次世代電力系統：スマートグリッド
   1.1 スマートグリッドの概念／1.2 スマートグリッドの狙いとそのベネフィット／
   1.3 スマートグリッドを支える基本構成要素
   1.3.1 スマートメータ／1.3.2 HEMS、BEMS／スマートハウス、スマートビルディング／1.3.3 分散型電源（再生可能エネルギー発電）／1.3.4 センサとICT／1.3.5 セキュア・制御装置およびセンサネットワーク化／1.3.4.2 通信ネットワークおよび通信プロトコル／1.3.5 無線および情報伝送技術など
   1.4 スマートグリッドからスマートコミュニティへ
2. 直流送電
   2.1 他励式直流送電
   2.1.1 他励式直流送電システムの構成／2.1.2 他励式直流送電システムの運転と制御／2.1.3 直流送電の適用事例／2.1.4 他励式直流送電の適用事例
   2.2 自励式直流送電
   2.2.1 自励式直流送電システムの構成／2.2.2 自励式直流送電システムの運転と制御／2.2.3 自励式直流送電の適用メリット／2.2.4 自励式直流送電の適用事例
   3. FACTS
   3.1 FACTSの種類／3.2 FACTS制御／3.3 系統連系用の設計手法／3.4 電圧変動対策／3.5 電圧フリッカ対策／3.6 電圧安定度対策／3.7 過渡安定度対策／3.8 過電圧抑制対策／3.9 周同外れ対策
4. 配電系統用パワエレ機器
   4.1 SVC
   4.1.1 回路構成と動作特性／4.1.2 配電系統への適用
   4.2 STATCOM
   4.2.1 回路構成と動作特性／4.2.2 配電系統への適用
   4.3 DVR／4.4 ループコントローラ／4.5 UPS
   4.5.1 常時インバータ給電方式／4.5.2 常時商用給電方式
5. 電気鉄道用パワエレ機器
   5.1 電気鉄道の給電方式の概要／5.2 直流き電方式の応用事例
   5.2.1 直流電気車／5.2.2 直流電力供給装置／5.2.3 余剰回生電力の吸収方法
   5.3 交流き電方式の応用事例
   5.3.1 交流電車／5.3.2 交流き電電力供給設備

### 第2章　需要家向けの適用事例
1. スマートハウス
2. スマートビル
   2.1 はじめに／2.2 スマートビルにおける障害や災害の原因
   2.2.1 雷害／2.2.2 電磁誘導／2.2.3 静電気
   2.3 スマートビルにおける障害や災害の防止対策
   2.3.1 雷サージ／2.3.2 電磁誘導／2.3.3 静電誘導
   2.4 まとめ
3. 電気自動車（EV）用充電器
   3.1 はじめに／3.2 急速充電
   3.2.1 CHAdeMO仕様／3.2.2 急速充電器
   3.3 EVバス充電／3.3.2 超急速充電器／3.3.3 ワイヤレス充電
   3.4 普通充電
   3.4.1 車載充電器／3.4.2 普通充電器／3.4.3 プラグインハイブリッド車（PHV）充電
   3.5 Vehicle to Home（V2H）
   3.6 まとめ
4. PV用のPCS
   4.1 要求される性能／4.2 単相3線式PCS／4.3 PCSの制御・保護回路／
   4.4 三相3線式PCS／4.5 FRT機能／4.6 PCSの高効率化／4.7 PCSの接地／4.8 高周波絶縁方式PCS
5. WT用のPCS

発行／科学情報出版（株）

~日本AEM学会／平成28年度 著作賞~

●ISBN 978-4-904774-43-4

信州大学　田代 晋久　監修

設計技術シリーズ

# 環境磁界発電原理と設計法

本体 4,400 円＋税

第1章　環境磁界発電とは
第2章　環境磁界の模擬
2.1　空間を対象
2.1.1　Category A
2.1.2　Category B
2.1.3　コイルシステムの設計
2.1.4　環境磁界発電への応用
2.2　平面を対象
2.2.1　はじめに
2.2.2　送信側コイルユニットのモデル検討
2.2.3　送信側直列共振回路
2.2.4　まとめ
2.3　点を対象
2.3.1　体内ロボットのワイヤレス給電
2.3.2　磁界発生装置の構成
2.3.3　磁界回収コイルの構成と伝送電力特性
2.3.4　おわり

第3章　環境磁界の回収
3.1　磁束収束技術
3.1.1　磁束収束コイル
3.1.2　磁束収束コア
3.2　交流抵抗増加の抑制技術
3.2.1　漏れ磁束回収コイルの構造と動作原理
3.2.2　漏れ磁束回収コイルのインピーダンス特性
3.2.3　電磁エネルギー回収回路の出力特性
3.3　複合材料技術
3.3.1　はじめに
3.3.2　Fe系アモルファス微粒子分散複合媒質

3.3.2.1　Fe系アモルファス微粒子
3.3.2.2　Fe系アモルファス微粒子分散複合媒質の作製方法
3.3.2.3　Fe系アモルファス微粒子分散複合媒質の複素比透磁率の周波数特性
3.3.2.4　Fe系アモルファス微粒子分散複合媒質の複素比誘電率の周波数特性
3.3.2.5　215 MHzにおけるFe系アモルファス微粒子分散複合媒質の諸特性
3.3.3　Fe系アモルファス微粒子分散複合媒質装荷VHF帯ヘリカルアンテナの作製と特性評価
3.3.3.1　複合媒質装荷ヘリカルアンテナの構造
3.3.3.2　複合媒質装荷ヘリカルアンテナの反射係数特性
3.3.3.3　複合媒質装荷ヘリカルアンテナの絶対利得評価
3.3.4　まとめ

第4章　環境磁界の変換
4.1　CW回路
4.1.1　CW回路の構成
4.1.2　最適負荷条件
4.1.3　インダクタンスを含む電源に対する設計
4.1.4　蓄電回路を含む電力管理モジュールの設計
4.2　CMOS整流昇圧回路
4.2.1　CMOS集積回路の紹介
4.2.2　CMOS整流昇圧回路の基本構成
4.2.3　チャージポンプ型整流回路
4.2.4　昇圧DC-DCコンバータ（ブーストコンバータ）の基礎

第5章　環境磁界の利用
5.1　環境磁界のソニフィケーション
5.1.1　ソニフィケーションとは
5.1.2　環境磁界エネルギーのソニフィケーション
5.1.3　環境磁界のソニフィケーション
5.2　環境発電用エネルギー変換装置
5.2.1　環境発電用エネルギー変換装置のコンセプト
5.2.2　回転モジュールの設計
5.2.3　環境発電装置エネルギー変換装置の設計
5.3　磁歪発電
5.4　振動発電スイッチ
5.4.1　発電機の基本構造と動作原理
5.4.2　静特性解析
5.4.3　動特性解析
5.4.4　おわり
5.5　応用開発研究
5.5.1　環境磁界発電の特徴と応用開発研究
5.5.2　環境磁界発電の応用分野
5.5.3　応用開発研究の取り組み方
5.6　中小企業の産学官連携事業事例紹介（ワイヤレス電流センサによる電力モニターシステムの開発）

発行／科学情報出版（株）

●ISBN 978-4-904774-67-0　　　　　九州工業大学　宮崎 康次　著

設計技術シリーズ

# 熱電発電技術と設計法
## －小型化・高効率化の実現－

本体 4,200 円＋税

第1章　熱電変換の基礎
1－1　熱電特性
1－2　熱電発電のサイズ効果
1－3　ペルチェ冷却
1－4　ハーマン法
1－5　まとめ

第2章　熱工学の基礎
2－1　熱エネルギー
2－2　熱輸送の形態
2－3　フーリエの法則
2－4　熱伝導方程式
2－5　熱抵抗モデル
2－6　対流熱伝達
2－7　次元解析
2－8　ふく射伝熱

第3章　熱流体数値計算の初歩
3－1　熱伝導数値シミュレーション
3－2　陽解法、陰解法
3－3　壁面近傍における層流の強制対流熱伝達計算

第4章　熱電モジュールの計算
4－1　熱電発電の効率計算
4－2　p型、n型素子の最適断面積
4－3　In-plane型熱電発電モジュール

第5章　熱電発電計算例
5－1　In-plane型薄膜熱電モジュール
5－2　積層薄膜型熱電モジュール
5－3　熱電薄膜モジュールにおけるふく射熱輸送の影響
5－4　熱電モジュール形状

第6章　追補

発行／科学情報出版（株）

●ISBN 978-4-904774-79-3

設計技術シリーズ

北海道大学　野島　俊雄　著
株式会社 NTT ドコモ　大西　輝夫
電波産業会電磁環境委員会編

# 電波と生体安全性
― 基礎理論から実験評価・防護指針まで ―

本体 4,600 円＋税

## 第1部　電波の健康影響に関する研究
### Q.1-1　電波はがんを生じるか？
- Q.1-1-1　疫学研究ではどうなっているか？
- Q.1-1-2　動物研究はどうなっているか？
- Q.1-1-3　細胞研究はどうなっているか？
### Q.1-2　電波は脳機能に影響するか？
### Q.1-3　電波は子どもの発達に影響するか？
### Q.1-4　電波は生殖系に影響するか？
### Q.1-5　電波はいわゆる「電磁過敏症」を起こすか？
### Q.1-6　電波は動物や昆虫などの生命活動に影響するか？
### Q.1-7　電波の健康影響に関する公的機関の評価はどのようなものか？
### Q.1-8　実験研究の質を評価する方法は？

## 第2部　電波・電磁波とその作用の基礎知識
### Q.2-1　「電波」の意味は？
- Q.2-1-1　電波の英語は？
- Q.2-1-2　電波の定義は？
- Q.2-1-3　電波の語源（起源、由来）は？
- Q.2-1-4　"Radio"の語源は？
### Q.2-2　電波・電磁波の基本的性質は？
- Q.2-2-1　電波は電磁波の一部分の呼称
- Q.2-2-2　電磁波とは？
- Q.2-2-3　電磁波を特徴づける要素
- Q.2-2-4　変調とは？
### Q.2-3　どんな作用があるか？
- Q.2-3-1　発熱作用とは？
- Q.2-3-2　発熱以外の電気的作用とは？
- Q.2-3-3　電離、励起とは？
- Q.2-3-4　非線形作用とは？
- Q.2-3-5　パルス波の作用とは？
- Q.2-3-6　複合作用とは？
### Q.2-4　はじめに―生体影響問題の背景
- Q.2-4-1　生体影響と物理的作用の関係は？
- Q.2-4-2　自然界の電磁波は？
- Q.2-4-3　歴史上の主な出来事は？
- Q.2-4-4　電波の生体影響検討における基本的な考え方は？
### Q.2-5　どんな生体影響があるか？
- Q.2-5-1　熱作用とは？
- Q.2-5-2　刺激作用は10MHz以下の電波が関係する
- Q.2-5-3　その他の作用には何があるか？
- Q.2-5-4　発がんメカニズムと関連するか？
- Q.2-5-5　電磁波を生物は感知できるか？
- Q.2-5-6　電磁過敏症（EHS）とは何か？
- Q.2-5-7　生体影響をどのように研究調査するのか？
- Q.2-5-8　電磁波ばく露におけるリスクマネジメントとは？
### Q.2-6　指針と規制
- Q.2-6-1　電波防護指針とは？
- Q.2-6-2　日本の規制は？
- Q.2-6-3　諸外国の状況は？
### Q.2-7　実際のばく露量をどのように評価するか、ドシメトリ（Dosimetry）は？
- Q.2-7-1　SARの測定は？
- Q.2-7-2　電磁界強度の測定は？
- Q.2-7-3　防護の3原則とは？

発行／科学情報出版（株）

●ISBN 978-4-904774-34-2　　　　　　　　　　　平塚 信之　監修

**設計技術シリーズ**

ノイズ／EMIを抑える軟磁性材料の活用術

# 軟磁性材料のノイズ抑制設計法

本体 2,800 円＋税

## 第1章　ノイズ抑制に関する基礎理論
ノイズ抑制シート（NSS）設計のための物理
　　　　　　有限会社 Magnontech　武田 茂

## 第2章　ノイズ抑制用軟磁性材料
磁性材料とノイズ
　　　　　　日立金属株式会社　小川 共三
金属系軟磁性材料
　　　　　　日立金属株式会社　小川 共三
スピネル型ソフトフェライト
　　　　　　FDK 株式会社　松尾 良夫
六方晶フェライト
　　　　　　埼玉大学　平塚 信之

## 第3章　ノイズ抑制磁性部品のIEC規制
IEC/TC51/WG1 の規格の紹介
　　　　　　TDK 株式会社　三井 正
　　　　　　埼玉大学　平塚 信之
IEC/TC51/WG9 の規格の紹介
　　　　　　株式会社 村田製作所　土生 正
　　　　　　埼玉大学　平塚 信之

## 第4章　ノイズ抑制用軟磁性材料の応用技術
焼結フェライト基板およびフレキシブルシート
　　　　　　戸田工業株式会社　土井 孝紀
フェライトめっき膜による高周波ノイズ対策
　　　　　　NEC トーキン株式会社
　　　　　　吉田 栄吉
　　　　　　近藤 幸一
　　　　　　小野 裕司
ノイズ抑制シートの作用と分類および性能評価法
　　　　　　NEC トーキン株式会社　吉田 栄吉
　　　　　　有限会社 Magnontech　武田 茂
フレキシブル電波吸収シート
　　　　　　太陽誘電株式会社　石黒隆・蔦ヶ谷 洋
チップフェライトビーズ
　　　　　　株式会社 村田製作所　坂井 清司
小型電源用インダクタ
　　　　　　太陽誘電株式会社　中山 健
信号用コモンモードフィルタによるEMC対策
　　　　　　TDK 株式会社　梅村 昌生

発行／科学情報出版（株）

●ISBN 978-4-904774-65-6　　　一般社団法人　電気学会　編
　　　　　　　　　　　　　　　磁気浮上技術調査専門委員会

## 設計技術シリーズ
# 磁気浮上技術の原理と応用

本体 4,600 円＋税

## 第1章　磁気浮上とは
1.1　磁気浮上から磁気支持へ
1.2　学会での取組み経緯
1.3　本書の構成学会

## 第2章　磁気浮上・磁気軸受の基礎理論
2.1　電磁力
2.2　線形制御理論
　2.2.1 状態方程式(state equation)／2.2.2 可制御性(controllability)／2.2.3 可観測性(observability)／2.2.4 極配置(pole assignment)／2.2.5 最適レギュレータ(optimal regulator)／2.2.6 オブザーバ(observer)／2.2.7 サーボ系／2.2.8 積分形最適レギュレータ／2.2.9 $H_\infty$ 制御
2.3　ベクトル制御のための座標変換
　2.3.1 三相量の空間ベクトル表示／2.3.2 三相一二相変換(αβ変換)／2.3.3 回転座標変換(dq変換)／2.3.4 二相巻線モデルおよびインダクタンス行列／2.3.5 d軸電流による軸方向力発生のメカニズム／2.3.6 d軸電流により発生する軸方向力の一般式の導出
2.4　機械振動の基礎
　2.4.1 振動で重要な概念／2.4.2 1自由度系／2.4.3 多自由度系／2.4.4 モード解法／2.4.5 回転体の振動／2.4.6 振動問題解決に重要な手法

## 第3章　磁気浮上の理論と分類
3.1　電磁力発生機構と能動形磁気浮上・磁気軸受機構の基礎理論
　3.1.1 磁気力の制御方式／3.1.2 安定問題と浮上制御理論／3.1.3 磁気軸受における制御理論／3.1.4 柔軟構造体の解析と浮上制御
3.2　吸引制御方式(EMS)
　3.2.1 電磁石式／3.2.2 永久磁石併用式
3.3　永久磁石変位制御方式
　3.3.1 ギャップ制御形吸引力制御機構を用いた磁気浮上機構／3.3.2 ギャップ制御形反発力制御機構を用いた磁気浮上機構／3.3.3 回転形モータを利用した磁路制御形磁気浮上機構
3.4　誘導電流の理論と分類
　3.4.1 コイル軌道方式／3.4.2 シート軌道方式
3.5　渦電流併用方式
3.6　高温超電導方式
　3.6.1 超電導現象／3.6.2 超電導体の種類／3.6.3 マイスナー効果／3.6.4 ピン止め浮上

## 第4章　磁気回路専用形
4.1　回転形
　4.1.1 1自由度能動制御磁気軸受の制御／4.1.2 弾性ロータの制御／4.1.3 血液ポンプへの応用／4.1.4 ターボ分子ポンプへの応用
4.2　平面形
　4.2.1 EMS浮上式鉄道(HSST)／4.2.2 磁気浮上式搬送機／4.2.3 XYステージ他／4.2.4 渦電流を用いた振動減衰／4.2.5 磁束集束を利用した磁路制御式磁気浮上機構／4.2.6 永久磁石による薄板鋼板の振動抑制／4.2.7 反磁性材料の磁気支持と磁気回路

## 第5章　磁気回路兼用形
5.1　回転形―ベアリングレスモータの原理・制御概要・座標変換―
　5.1.1 ベアリングレスモータの定義と基本原理／5.1.2 誘導機形ベアリングレスモータ／5.1.3 永久磁石形ベアリングレスモータ／5.1.4 同期リラクタンス形ベアリングレスモータ／5.1.5 ホモポーラ形・コンシクエントポール形ベアリングレスモータ
5.2　平面運動
　5.2.1 EDS浮上式鉄道(JRマグレブ)、EMS(トランスラピッド)／5.2.2 搬送機応用、薄板鋼板浮上搬送

## 第6章　実機設計・製作のための解析と応用
6.1　電磁構造連成
　6.1.1 解析方法／6.1.2 解析結果／6.1.3 磁気剛性／6.1.4 磁気減衰／6.1.5 振動解析方法／6.1.6 本節のまとめ
6.2　非線形振動
　6.2.1 磁気力の非線形特性とそれに起因する振動特性／6.2.2 主共振モードの傾き／6.2.3 分調波共振と高調波共振／6.2.4 係数励振とオートパラメトリック共振／6.2.5 結合共振／6.2.6 内部共振／6.2.7 非線形共振を考慮した設計の必要性
6.3　磁気浮上系の設計例、制御系
　6.3.1 設計モデル／6.3.2 電流制御形と電圧制御形／6.3.3 電磁解析による電磁石設計／6.3.4 ゼロパワー制御系の設計／6.3.5 実機評価／6.3.6 制御系設計時に注意する基本的事項
6.4　エレベータ非接触案内装置の制御系と設計
　6.4.1 制御対象／6.4.2 安定化制御／6.4.3 機械系共振対策／6.4.4 実機エレベータの案内特性
6.5　血液ポンプの設計例
　6.5.1 血液ポンプ／6.5.2 体内埋め込み形血液ポンプ用磁気軸受の設計／6.5.3 磁気軸受を用いた体内埋め込み形血液ポンプの試作例／6.5.4 体外設置形血液ポンプ用磁気軸受の設計／6.5.5 磁気軸受を用いた体外設置形血液ポンプの試作例／6.5.6 ベアリングレスモータを用いた血液ポンプの設計例
6.6　ベアリングレスドライブの設計例
　6.6.1 コンシクエントポール形ベアリングレスモータの基本構造と動作原理／6.6.2 固定子、回転子および巻線の設計／6.6.3 制御システムの構成と原理／6.6.4 ドライブ方式、インバータ結線／6.6.5 干渉を考慮したダイナミクスのモデル化とコントローラの設計／6.6.6 製作例・実験方法
6.7　磁気浮上式フライホイールの設計例
　6.7.1 エネルギー貯蔵に用いられるフライホイール／6.7.2 機械式二次電池の設計／6.7.3 機械式二次電池の試作と評価
6.8　本章のまとめ

発行／科学情報出版（株）

設計技術シリーズ
## 新炭素材料ナノカーボンの基礎と応用
－カーボンナノチューブからグラフェンまで－

2019年8月23日　初版発行

| 著　者 | 川崎　晋司 | ©2019 |
|---|---|---|

発行者　　松塚　晃医
発行所　　科学情報出版株式会社
　　　　　〒300-2622　茨城県つくば市要443-14 研究学園
　　　　　電話　029-877-0022
　　　　　http://www.it-book.co.jp/

ISBN 978-4-904774-80-9　C2043
※転写・転載・電子化は厳禁